漫话海错图

传说中的海洋怪咖

张翼 著

海峡出版发行集团
THE STRAITS PUBLISHING & DISTRIBUTING GROUP
福建科学技术出版社
FUJIAN SCIENCE & TECHNOLOGY PUBLISHING HOUSE

图书在版编目（CIP）数据

传说中的海洋怪咖 / 张翼著. -- 福州：福建科学技术出版社, 2025. 5 (2025.7重印). -- (漫话海错图).
ISBN 978-7-5335-7509-0

Ⅰ. Q178.53-49

中国国家版本馆CIP数据核字第20254EW185号

出 版 人　郭　武
责任编辑　吴洁琼　李国渊
责任美编　黄　丹
责任校对　林峰光

传说中的海洋怪咖
漫话海错图

著　　者　张　翼
出版发行　福建科学技术出版社
社　　址　福州市东水路76号（邮编350001）
网　　址　www.fjstp.com
经　　销　福建新华发行（集团）有限责任公司
印　　刷　福建省金盾彩色印刷有限公司
开　　本　700毫米×1000毫米　1 / 16
印　　张　11
字　　数　136千字
版　　次　2025年5月第1版
印　　次　2025年7月第2次印刷
书　　号　ISBN 978-7-5335-7509-0
定　　价　32.00元

前言

神秘的大海一直为人所向往，自古代起，人们就没有停止过对大海的想象。试想一下，在海洋中嘴巴大得能吞下一艘小船的海怪，抑或是半人半鱼的生物，它们是否真的存在呢？一本从清代而来的海洋生物图谱——《海错图》，不仅能够让我们一窥古人对海洋生物的认知，也促进了我们今天对海洋世界的探索。

《海错图》是清朝康熙年间，由画家聂璜绘制的一组图谱。康熙年间，他游历了河北、天津、浙江、福建多地，对海洋生物产生了浓厚兴趣。他苦于自古以来都没有翔实的海洋生物的图谱流传，便决定自己画一本。每看到一种，就把它画下来，并翻阅群书进行考证，还会询问当地渔民，来验证古书中记载的真伪。

经过多年积累，聂璜最终在康熙三十七年完成了《海错图》，雍正四年《海错图》被带进了宫中。书中生动的图片和文字记录了聂璜在沿海亲眼所见、亲耳所闻的各种生物，之后，乾隆、嘉庆、宣统等皇帝都很喜爱这部图谱。后来，由于日本侵华，故宫文物辗转中，全套四册书分了家。现在三册《海错图》藏于北京故宫博物院。

由于当时的条件有限，人们对大海的认识不够，但这并不能阻止人们对大海的好奇与想象。我们这本《传说中的海洋怪咖》（“漫话海错图”系列），选取《海错图》中40种奇形怪状的海洋生物，有海和尚、枫叶鱼、空头鱼、钱串鱼……这些是可考的，也有蛟、神龙、盐龙……这些想象中的生物。

每位海洋怪咖，好似我们生活在海底城堡中的朋友一般。书中图文并茂，有海洋生物身份证，还有直观可爱的手绘插画，以及有趣的科普冷知识，快来一起认识这些有趣的海洋生物吧。

目录

剧场一 化龙风云

剧场二 祝寿风波

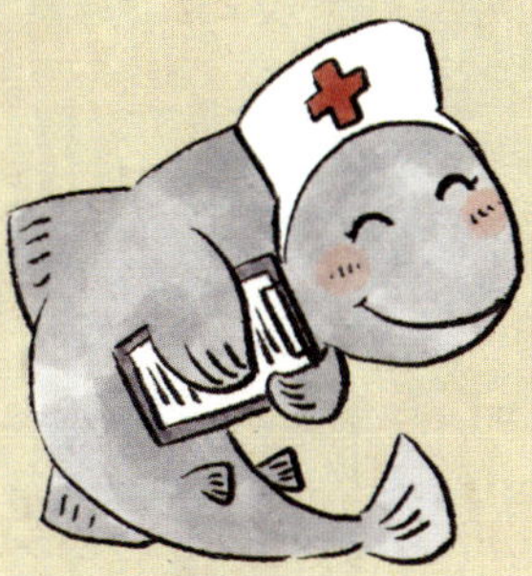

剧场三 超级变变变

剧场四 海中一抹色

剧场五 宝贝！全是宝贝！

剧场六 海底仿生学

剧场七 奇怪档案局

剧场八 海洋心理辅导室

剧场一

化龙风云

蛟——聚焦化龙显神通

蛟 海洋身份证

姓名：蛟

曾用名或别名：蛟龙、三爪龙

最早出现时间：《山海经》记载的上古时期

爱好：在深水处隐居

聚焦化龙

“各位观众朋友大家好，欢迎来到本台千年一播的大型节目《聚焦化龙》现场，我是节目主持兼你们的好朋友，龙主持！”

“说起这化龙，就不得不提蛟界流传的一招独门绝技了，你们知道是什么吗？”

台下观众回答道：“不知道！”

“哈哈，我就知道你们不知道，你们知道就都成龙了！”

“听好了，龙主持我只说一次哦。这个独门绝技叫作‘走蛟’，简单来说呢，就是我们经过五百年的训练，从虺（huǐ）修炼成了蛟，然后还要再修炼上千年，才能引起上天的注意。这时候，上天就会安排一场考试，通过考试就能从蛟变成龙，成为成功龙士，然后过上幸福龙生……”

说时迟那时快，一个板擦飞了过来，同时还有一个不满的声音抱怨道：“龙主持，你要再说下去，第一条蛟的走蛟就结束了！”

与此同时，观众这才注意到：大屏幕上，一条身形硕大的蛟，正在一脸严肃地望着漆黑一团的天空。下一秒，一道闪电划过天空之际，蛟腾空而起，向闪电冲去，二者缠斗在了一起。

只听得“砰”的一声，大屏幕里无数道水柱冲天而起，直奔雷光而去，下一秒，大屏幕啪嚓一下黑了下来，现场传来一阵阵“啊”的惊呼。观众激动地瞪着眼睛，你看看我，我看看你，许久未能回过神来。

“啊呀，看来是现场出了些状况，将转播仪器给整坏了。真可惜！这样吧，接下来由我龙主持先为大家带来有奖竞猜……”

“哼！你们这群骗子！”一个声音打断了将要开始的有奖竞猜。龙主持一看，来的是一个小家伙，于是喊道：“暂停一下，谁家小孩走丢了？”

“我才不是小孩子，我是蛟！”

这话一出口，会场一瞬间就热闹了起来。

“不能够吧，蛟这么小？感觉还不到3米。”

“这话说的，不允许蛟也有长得矮的吗？”

听到这些议论，小蛟脸都红了，说道：“我不是矮！我只是还比较小！等我长大了，能长成刚才那条大蛟那么重呢！”

“你们看清楚，这条小蛟，没有粗壮的爪子，也没有角，分明就是蛇！”

现场议论更激烈了，有观众说：“可是我听说有些蛟确实是不长角的。”也有观众说：“是有些奇怪，刚刚那个和我的水蛇邻居长得很像。”

眼见局势就要失控，节目无法继续推进，龙主持赶紧站出来救场：“大家安静一下，到底是不是蛟，谁说的也不算。既然大家都对这个问题好奇，我就把刚刚‘走蛟’成功的龙请出来验证一下，大家就知道了。”

下一秒，一条“龙”从屏幕后钻了出来。紧接着，刚刚的小蛟又喊道：“大家别信，这不是龙。我们的龙祖先可是有两对爪子的，并且还有一对像鹿角一样的角。另外，龙是会飞的，你让它飞飞看。”

事已至此，龙主持却还想狡辩。台下观众起哄道：“飞一下，飞一下，飞一下……”

“海洋怪事所办案，请大家让一下。”

一声高呼打断观众的起哄声，回头一看，那怪事所办案的长官不是神龙吗？再看看台上的那条“龙”，二者简直天差地别，眼见“聚焦化龙”成了大型诈骗节目，台下观众一窝蜂朝龙主持围了上去，讨要说法。

小蛟盯着面前的神龙，一脸羡慕，问道：“那个，神龙大叔，我这样的小蛟也能变成神龙吗？”

神龙开口对小蛟说道：“不仅可以，而且在化龙前也会是一条非常厉害的大蛟，我就听说过一个故事，和你们蛟有关哦！”

从前啊，有一条与众不同的蛟，专门挑了一个无人问津的水潭，就安心地住下了。这个水潭附近风景优美、空气清新，就是没啥东西吃。时间久了，蛟就饿得不行了，每天都在祈祷路过一个“食物”。

不知过了多久，来了一只倒霉的老虎。这老虎似乎走了很久，喉咙都渴得冒烟了，见到眼前的水潭，前腿一蹬便冲了过去，咕咚咕咚地喝起水来。

蛟在水里饿昏了头，突然听到水潭上方传来喝水的声音，仰头一看，竟是一只因口渴而毫无防备的老虎，于是它噌的一下从水中跳了出来，把正在喝水的老虎吓得愣在原地。紧接着，这只老虎就被蛟用尾巴抽晕过去，成了蛟的美餐。

这个故事传到了大文豪苏轼的耳朵里，他老人家提笔写下“潜鳞有饥蛟，掉尾取渴虎”，说的就是这个故事。

小蛟听完若有所思，心里悄悄地埋下一颗种子：今天起我再也不挑食了，我要早睡早起，变得更加强壮。有朝一日，和老虎比试一番，看看谁更厉害。

聂璜在《海错图》中说，蛟这种动物没有角，是鱼身蛇尾，不仅能潜入水底还可以在山谷中腾飞，这么神通广大的蛟龙长什么样子呢？让我们一起来揭秘吧！

盖为长者欲率群鱼而飞，以归江海，非为池中之长也。

出自《海错图》

海洋冷知识

★ 根据科学家们的推测，古文中记载的“蛟”的原型可能是鳄鱼或者水蚺（rán）。

提问：我国第一台自行设计、自主研发的深海载人潜水器叫什么？

答案：“蛟龙”号。

神龙——风调雨顺全靠我

神龙 海洋身份证

姓名：神龙

技能：上天下海、呼风唤雨

栖息之处：南海

风调雨顺全靠我

“丁零零！丁零零！”

电话铃响了，一只老玳瑁慢吞吞地接起电话：“喂——您好——这里是应急处理局风调雨顺部门。请问您——不好意思、不好意思，这就给您去催！”

挂了电话，老玳瑁自言自语道：“完了完了，又是个想要改变天气的。神龙的祈愿箱都满了，估计又有倒霉的天气预报员要挨骂了。”

“吱呀——”一声，办公室的门开了，神龙不好意思地站在门口，说道：“我不是故意迟到的，这不上班路上遇到一个‘聚焦化龙’的节目造假嘛，我打假去了。”

听了这话，坐在办公室一角的实习生小玳瑁说道：“你这是又冒充隔壁怪事所的员工了吧，赶紧看看你的信箱，都要满出来了！”

于是，神龙赶忙打开堆满信件的祈愿箱，边翻看边说：“我来看看来信都是说什么的。求雨，又是求雨，还是求雨……咦？怎么还有个求见面的？”

“那等等去看看！把我也带上！”一个声音猝然响起。

神龙低头一看：这不是刚才在“聚焦化龙”现场遇到的小蛟嘛，不知什么时候偷偷跟进了办公室。神龙刚要开口问个明白，边儿上的老玳瑁又催促道：“赶紧出去布雨啊，难不成你想让投诉信塞满整个办公室呀？”

无奈之下，神龙只好带着小蛟先去“工作”。

下一秒，“噌”的一下，神龙背着小蛟就飞到了天上去。

小蛟趴在神龙背上，两只眼睛亮晶晶的，看上去十分兴奋，此刻它的小脑瓜里想着：这就是龙呀，东方的龙，将来我也会拥有这英俊的外表。骆驼脑袋，蛇的脖子，鹿的角，龟的眼睛，鱼的鳞片，老鹰的爪，还有牛的耳朵！我的使命就是保护一方风调雨顺，这也太威风了吧。

小蛟想着想着，忍不住发出了声音："这可太好了呀！听闻在民间，龙还被视为神圣、威严的象征呢！"

神龙听见了，转头问道："你说什么？"

小蛟不好意思地回答："没什么。龙哥哥，西方的龙长什么样？"

神龙想了想，说道："它们啊？好像是狮子的身体，加上一双大翅膀和四条腿，它们还有马一样的脑袋，有的上面也会长角，一条粗壮的尾巴摆来摆去，身上似乎也长了鳞片。不过它们跟我们不一样，听说它们主要是兴风作浪。"

小蛟一脸似懂非懂的样子，点了点头，又忍不住发问。

"听说我们东方的龙没有天天上班的。那龙不上班的日子里，人们如果需要龙了，要怎么办呢？"

神龙回答道：这你就有所不知了，传说很久以前，龙王腰痛难忍，什么药都用了，依旧毫无作用。无奈之下它只能变成老人到人间求医。龙王遇到了一名非同寻常的神医，这位神医一眼就认出了龙王的身份，他让龙王变回原形，随后从龙王腰间的鳞甲中，捉出了一只蜈蚣。蜈蚣一被捉出，龙王的腰瞬间就不疼了。腰痛缓解的龙王欣喜万分，想要报答神医，于是便问神医有什么心愿。

神医激动地说："唯愿我的家乡能下场雨！"

龙王思索片刻，说道：“只要你们模仿我的样子舞蹈，我就给你们布雨，保你们年年风调雨顺！”

神医将这件事情告诉当地的男女老少，那里的人们每逢干旱，便舞龙祈雨，并且逐渐形成了一套春舞青龙、夏舞赤龙、秋舞白龙、冬舞黑龙的习俗。

如今，舞龙已经成为中华文化的重要标志之一。

小蛟听完也安下心来，不禁想：“原来不用每天上班呀，那我就有时间和朋友比赛游泳了。”

朋友们，下面这幅图就是聂璜在《海错图》中画的神龙了。是否和你想象中的神龙一样呢?

出自《海错图》

海洋冷知识

★ **1. 在十二生肖中，龙是唯一一种虚构的生物。**

★ **2. 在中国古代，龙代表至高无上的皇权，皇帝所使用的许多物品会绘有龙纹图样。**

提问：龙的角和哪种动物的角相似？

答案：鹿。

盐龙——身形小小，本事不小

盐龙 海洋身份证

姓名： 盐龙

栖息之处： 传说在广东海域

技能： 鳞甲会出盐

盐龙小小，本事不小

这天，一条从海里溜出来的盐龙，想要看看海洋之外的世界。

“哎呀，这山上怎么和海里一样无聊啊，这下白跑了！”正说着呢，盐龙眼前一道亮光闪过，只见不远处的地上躺着一把银锁，在阳光的照射下，发出亮闪闪的光泽。

盐龙好奇地走上前，用头顶了顶，发现银锁并不是很沉，于是就把这个锁当成球耍，玩得是不亦乐乎。

盐龙正玩着呢，天空突然雷声大作，没过一会儿便下起了暴雨。

小盐龙只好依依不舍地放下了银锁，跳进水里消失了。

盐龙消失后，这里发生了一件奇怪的事！

盐龙消失后的第二天，一个村民起床洗漱，一漱口却发觉不对劲。“难道我味觉出问题了？这水怎么咸咸的，我也没有用盐水刷牙的习惯啊！”

与此同时，全村早起的村民都发现了异常，好像不是大家的味觉出了问题，而是河水真的变咸了。不仅如此，这些河水流过的地方，都结出了一层厚厚的盐巴。一些村民拿着这些盐水，放在锅里熬，没承想真就煮出雪白的盐，村民们那叫一个高兴啊，以后再也不用为盐发愁了！

而这件事的“主角”，早已经不知道又跑到哪个地方玩儿去了。

同一时间的海里，盐龙一家已经急疯了，据说是一个不小心，把孩子给弄丢了，这会儿正在海洋应急处理局报案呢。

“好的，说一下孩子的模样，我这里登记一下。”

一只老盐龙着急地说道：“嗯，我们家孩子不大，也就 30 厘米左右，瘦长瘦长的，脑袋长得像蜥蜴。身子，我想想……”

又见老盐龙两眼一扫，便看到牵着小蛟路过的神龙，赶紧说：“对对对，就是很像龙的身子！”

“好，除此之外还有啥特点不？”

老盐龙想了想，说道：“嗯，我们一家有个特点，就是蹭一蹭其他东西，身上就会有盐掉出来……不过！海水是咸的和我们可没关系！”

上不在天，下不在田，托迹在海，意恋乎盐？

“我现在就担心，这孩子让人类给抓了去。据我祖上记载，曾有一位祖先，就被人给抓走圈养了起来，每次要用盐的时候，就抓着它一直蹭，最后还将它入了药，可惨了。”

蛟心里感叹道：“原来不是所有龙，都那么厉害啊！”

“哦，你瞧瞧我都急晕了，我家小盐龙肯定和我长得一样呀，只是比较小。你就照着我的模样拟份寻龙启事吧！”

听了上面的故事，真希望跑出去玩的小盐龙能平安回到海里的家。聂璜在《海错图》里说小盐龙“长仅尺余，头如蜥蜴状”。看看下面这幅图，是不是很形象呀！

出自《海错图》

海洋冷知识

★《本草纲目》中记载：曾有蛮族饲养过盐龙，盐龙的鳞甲能够产出雪盐。

提问：盐龙和神龙谁的个头大？

答案：神龙。

剧场二

祝寿风波

钱串鱼——大富大贵之鱼

钱串鱼 海洋身份证

姓名： 钱串鱼

栖息之处： 福建海域

爱好： 玩捉迷藏和“炫富”

大富大贵的鱼

大千世界，无奇不有，海里也有自己的大富翁。

“没错，这位大富翁就是钱串鱼！但奇怪的是，有一天，这名大富翁突然失踪了！只留下了巨额遗产给它的‘后鱼’！”

“而我，就是这场遗产争夺战的主持鱼兼裁判——护士鲨。让我们来看看，钱串鱼突然冒出的‘继承者们’，要怎么证明它们的身份！”

“第一位出场的是金钱鱼，它的出场宣言是：淡水、咸水任我游。”

金钱鱼走到舞台中央，说道：“大家好，我是金钱鱼，我不是为了遗产来的，我只是来还原一个真相，我就是钱串鱼的后代。你们看，我们名字就很像，一个叫钱串鱼，一个叫金钱鱼！”

“是哦，它说得有道理哦！”

“可是名字像也没什么用啊，我听说还有种叫钱串子的植物呢！”

面对窃窃私语的大鱼小鱼们，金钱鱼接着说道：“你们想一下，为什么有钱串鱼这个名字，是不是因为它身上有着和铜钱一样的花纹？你们看，我也有这样的花纹。”

“那这个做不了假。”

“嗯，应该就是它了！”

与此同时，一个响亮的声音传来：“你要说花纹，那我也有！”

众鱼循声望去，只见一条细长的小鱼，正在努力地穿过鱼群。

“好像是尖吻鲀。”一个微弱的声音说道。

接着，众鱼就看见这条叫尖吻鲀的家伙游上台子，扬声道：“要说这种花纹，我也有！另外，我的花纹是黄色的，金钱鱼是黑色的！明显我的颜色更像铜钱嘛！”

尖吻鲀

尖吻鲀，一般生活在珊瑚礁丰茂的地区，最大体长可达 10 厘米，平日靠着自己尖尖的嘴巴在珊瑚中觅食。

一旁的金钱鱼听了，立马反驳道：“谁家铜钱是不规则形状的啊？”

尖吻鲀红着脸，却依旧站得笔挺，说道：“那谁家铜钱是黑色的？还有我这不是不规则的铜钱，我这是最近瘦了！”

眼看台上就要吵起来，护士鲨赶紧出来打个圆场：“哎哟！别吵，别吵，让我想想。有了，钱串鱼在福州志书上有记载，你们俩谁住福建边上？”

金钱鱼率先说道：“我在印度、泰国、马来西亚等国家都有亲戚，中国的南海和东海南部也有我亲戚！”

尖吻鲀不甘示弱地说道：“那我也差不多呀，整个印度洋和太平洋我畅游无阻！”

这时候，台下的无斑箱鲀看了看自己通身金色的圆形花纹，一想到自己常年住在太平洋海岸，似乎也符合条件？

于是，无斑箱鲀鼓足勇气，站出来说道：“我才是钱串鱼的后代。”

其他两条鱼立刻火冒三丈，说：“怎么又来个添乱的！”

眼看场上局面快要失控，护士鲨赶紧出来救场：“等会儿！我们刚刚找到了钱串鱼唯一一张照片！你们几个站一起让大家好好看看。”

因为长得好看，总有人想把我送去水族馆展览！

无斑箱鲀

无斑箱鲀色彩鲜艳，有着可爱的外表，但是别小瞧这个小家伙。无斑箱鲀受惊时，会向水中释放一种毒素，这种毒素会进入周围鱼类的鳃部，而且箱鲀的骨板十分厚重，这样的“配置”已经可以对抗一些捕食者了。

大家看去，画上的钱串鱼呈淡青色，通身布满金色的圆形花纹，每个花纹的中心又包裹了一个黑色的实心圆，看起来还真像是一枚枚铜钱。

这下大伙都傻眼了，要说颜色吧，最像的还是尖吻鲀，它的底色也是青色，但从身材和花纹来看，金钱鱼倒是更为接近。

就在大家难以抉择的时候，一条看热闹的胖头鱼问道：“那个，你们争了这么久，遗产是什么呢？”

护士鲨听了，看了看遗产目录，上面赫然写着一行小字：我的后代将直接继承我的名字——钱串鱼！

全场一片哗然。

“搞了半天就是个名字啊！”观众一下就散了。

“就是，我还以为能看到什么宝贝呢！”

台上的护士鲨则看着三条小鱼问道：“你们几位还争吗？”

三条鱼一起说道：“争！”

看来在海里，鱼儿们也想变得富有呀！我们一起来看看《海错图》里的金钱鱼长什么样子吧！

摆摆摇摇，
游出宝藏，
掤一张皮，
卖弄钱样。

出自《海错图》

海洋冷知识

★ 后世推测，钱串鱼可能是无斑箱鲀、尖吻鲀或金钱鱼。

★ 在我国南方海域，金钱鱼较为常见。别看金钱鱼不大，它的背鳍上有尖锐的硬棘而且具有毒性哦。

提问：文中提到哪里有对“钱串鱼”的记载？

答案：福州志书。

潜牛——暴脾气的"牛"

潜牛 海洋身份证

姓名：潜牛

性格：暴躁、好斗

爱好：找水牛决斗

暴脾气的“牛”

三条鱼还在争谁才是钱串鱼的后代呢，这时，只听一声大喝：“好！打起来！快打起来！”

那声音很大，可以用震耳欲聋来形容。

几条鱼顺着声音看去，全都吓傻了——海中还有这家伙？

只见不远处有一只壮硕无比的大怪物，此刻的它正瞪着一双铜铃般的大眼，给大家一种不怒自威的感觉。

好在一旁的鲨鱼见多识广，赶紧让在场的大家都躲得远远的。鲨鱼边游还边说：“这家伙是潜牛，你们可别惹它，它的脾气可暴了！”

“鲨鱼老哥，你在海里威震四方，你跑啥呀？”金钱鱼问道。

“海里我确实称霸一方，但我再厉害也没有跑到陆地上打过架吧？”

“啊？这潜牛还敢去陆地上打架呀！”

“孤陋寡闻了吧，听说这潜牛非常好斗，自从它知道陆地上也有牛之后，就更不安分了，天天上岸找陆地的牛打架。有个叫西江的地方，经常有水牛在那里喝水。潜牛知道后，就逆着江水游到岸上和水牛角力。”

“结果呢？”尖吻鲀问道。

“哈哈哈，结果潜牛被揍了个满地找牙，哈哈哈……”

无斑箱鲀一边笑一边问道：“啊，不会吧，潜牛不是很厉害吗？”

“嗯，是很厉害。但是它也有弱点，就是不能离开水太久，时间一长，头上的角就变得软绵绵的，一下子就被水牛拱到水里去了。不过潜牛也发现，自己只要回到水里待上一会儿，就又会有力气，于是等到有了力气，它就再回去找水牛的麻烦。”

“咦，那它这会儿怎么出现在这里？”金钱鱼问。

鲨鱼答道：“估计是回来休养，好恢复体力吧。算了，别管了，万一惹到它可麻烦了！”

这时候，还在原地的潜牛，接到了一个电话。电话那头说：“潜牛老哥啊，寿星章鱼的生日会就要开始了，你可不要惹什么乱子啊！”

潜牛说道：“放心，俺老牛最老实了！”

话音刚落，一辆海底警车开了过来。

神龙下车，以多次扰乱陆地和海底治安的罪名带走了潜牛。最后它提醒大家要注意以下内容。

潜牛，危险等级视情况而定，潜牛在陆地上等待的情况最危险。一般来说，潜牛体形和水牛相近，在海里虽算不上什么庞然大物，但是凭借一身鲜艳夸张的红色，也吓退了许多生物。

虽然潜牛本事不大，但是很爱惹事。尤其喜欢找水牛搏斗，如果没有水牛，那就掀翻过往的船只，或者给江边洗衣服的人送上点“水中惊喜”，反正潜牛在江湖上，可谓劣迹斑斑。

如果你看到了潜牛，那我劝你赶紧跑！

聂璜在《海错图》中也记述了潜牛爱和陆地上的牛打架的特性，认为它是一种奇怪的生物，那么让我们一起来看看《海错图》中的潜牛究竟长什么样吧。

鱼生两角，奋威如虎。
鳞中之牛，一元大武。

出自《海错图》

海洋冷知识

★ 1. 在欧洲一本记载海怪的书中，曾出现过一头海牛，与《海错图》中潜牛的记载相似。这头海牛，被认为是已经灭绝的大海牛或草原野牛。

★ 2. 清朝《广东新语》中有对海牛的记载，称其是“牛身鱼尾”。

大海牛

别名：巨儒艮，斯特拉大海牛，无齿海牛。

草原野牛

身形高大健硕，脑袋上长有一对长而弯曲的尖角。

提问：《海错图》中的潜牛是什么颜色？

答案：红色。

三尾八足神龟——爱迟到不是我的错

三尾八足神龟

海洋身份证

姓名：三尾八足神龟

生活地点：浙江和福建海域

爱好：帮其他小动物搬家

迟到的神龟

哗啦——哗啦——

海风拂过，海浪不断拍打着岸边的礁石，三尾八足神龟望着白色的浪花，心里想着：寿星章鱼的生日快要到了，是时候出发，见一见老朋友们了。

于是，三尾八足神龟费力地挪动自己的身子，缓缓朝海洋公路爬去。

“滴！导航开始，目的地——老朋友寿星章鱼家，计划用时 10 天。鉴于您是乌龟，预计用时半个月……”

“哼，哪儿来的刻板印象，不会真以为我们龟都行动得很慢吧？”话音刚落，神龟伸出八只小脚蹿了出去。

“滴！请注意，您已超速。”

“哼，我还没有全力以赴呢！”

三尾八足神龟正得意地自言自语，突然瞥见，前方不远处好像有个小家伙在路边想要搭车。

三尾八足神龟停了下来，就听一个声音响起：“神龟先生，您能载我一程吗？我正想去远点儿的地方看看风景。”

说话的是一个小牡蛎，有些地方也叫它们生蚝，随身背着的大壳子就是它们的家。虽然牡蛎能随身携带自己的小屋子，但是它们也很受限，那就是没办法自己移动，只能寄希望于过路的生物，希望对方带自己一程。

名字 牡蛎

别名 蛎黄、海蛎子、蚝

本就热心肠的三尾八足神龟顿时露出了慈爱的目光。它心想，反正也就一个小牡蛎，也不重，那便带着吧。如此一来，小牡蛎可高兴坏了，躺在神龟身上，逢鱼便打招呼：“鲍鱼大爷！您看我要去旅游了！”“章鱼大叔！我去旅游了，要给您带东西吗？”“海藻姐姐……”

其他小牡蛎听了，也表示想去看看，神龟架不住热情好奇的小家伙们“软磨硬泡”，便全都答应了下来。

几日后，一场生日宴会已接近尾声，寿星章鱼自顾自地嘀咕：“不对啊，神龟那老家伙，怎么还没到？不是半个月前就出发了吗？”

另一边，三尾八足神龟喘着粗气，缓慢地游进了门，生日宴会的嘉宾们隐约听见一阵嘈杂而兴奋的声音：“来了来了，神龟爷爷来了。”

“还真是，听说它因为脾气太好，老被请求做这做那。这回也是，据说背着一身的牡蛎在海里又游又爬了好些天，早几日我便在前面海湾看它在赶路，没承想这会儿才赶到。”另一个嘉宾说道。

紧接着，现场被邀请来的宴会嘉宾都开始窃窃私语。

“那可不嘛！我也看到了。有次我在夜里遇见了它，一米多的大块头，一双火焰一般红彤彤的眼睛，身上还有绿毛，怪可怕的。没想到它当时竟是带着小鱼找妈妈的。真是个‘老好龟’！”

三尾八足神龟，对身旁的议论声毫不在意，此刻它虽然有些累，但还是笑呵呵地说道：“老寿星，真是好久不见呢。”

寿星章鱼也是一脸乐呵，说道：“老朋友，你总算来了！”

到场的嘉宾和寿星章鱼知道三尾八足龟这次又去做“好龟好事”才迟到，大家都把它和寿星章鱼作为主角拥在中间，还给它留了一大块用海藻做成的风味蛋糕。虽然这一路很辛苦，可三尾八足龟尝了一口蛋糕，这甜味从嘴一直甜到心里去了。

值得一提的是，故事中“三尾八足神龟”这个名字揭示了神龟的年龄。相传，乌龟在海中，每活一百岁，就会多出一条尾巴，所以这三尾八足神龟，其实是一只三百岁的老龟。

那么，《海错图》中的三尾八足神龟究竟长什么样呢？让我们一起来揭秘吧。

以尾数寿，三百可卜。

出自《海错图》

海洋冷知识

★ 就像牡蛎搭乘三尾八足神龟的便车一样。有一种叫作藤壶的家伙，也喜欢搭便车。藤壶是一种滤食性生物，它们在幼虫时期就会在海龟的壳上落脚，并逐渐长出钙质甲壳。藤壶喜欢温和的水流，因此游得缓慢的海龟可能会吸引更多藤壶幼虫来扎根。你觉得《海错图》中的三尾八足神龟是海龟吗？

提问：在中华文化中，神龟有什么寓意？

答案：长寿。

寿星章鱼——生活需要"仪式感"

寿星章鱼 海洋身份证

姓名：寿星章鱼

性格特点：好斗、急性子

爱好：请客过生日

"寿星章鱼"生日会

“小虾米，把生日会主角的画像挂中间点！”

“好的！”小虾米应了一声，将寿星的画像往墙中间挂，一边挂还一边嘀咕，“我在海里待了挺久的，怎么从没见过顶着寿星脑袋的章鱼啊！”

正说着，一阵吵闹声从酒店大堂传来。

“欢迎本次生日会的主角！”

“寿星章鱼前辈！您慢点，我们来扶您。”

“快、快、快，过去八只虾，给老先生每条腿都扶稳咯。”

一边的螃蟹说道：“唉，我也八个脚，怎么没有扶我的啊？”说完就横着走了出去。

这时候，车上传来一个声音，随后一条浑身通红的鱼游了出来。

“咦！不是章鱼吗？怎么是条鱼？”

听了这话，寿星章鱼有些不爽，说道：“还不是因为头上这个大包和寿星的造型很像，至于这个章鱼是怎么来的，我自己也不太明白。”

边上的螃蟹有些好奇，就上去问道：“那您老的真名是什么？”

寿星章鱼说道：“火鹤鱼！”

寿星章鱼边说边四处打量，然后又自顾自地说道“咦，我的老朋友们怎么一个都没到？”

说着，进了大堂，一抬眼就看到了那幅“长着寿星脑袋的章鱼”画像，险些没晕过去。

真名 火鹤鱼

特点 领地意识强，好斗

“这样的造型是谁想出来的？”

寿星章鱼大叫道：“我要和画这幅画的家伙决斗！”

一边的螃蟹横着爬出来，说道：“您也别怪这画家，我们大伙都没见过您，那个画家听说您不太好说话，又不敢去问您，只能去查查资料，然后想象成这样的。”

“《海错图》？”寿星章鱼抢过书，低头一看，就看见书上这样写道：“……得章鱼，异状，头如寿星……”

寿星章鱼说道：“虽然是这样没错，但是到底是谁给我起的外号呀，一点儿也不优雅！”

趁着寿星章鱼在怀疑“鱼生”的时候，螃蟹把几只小虾米叫来，偷偷说道：“我等会儿带老先生出去走走，你们赶紧把画像和场地布置换了！”

“寿星章鱼老先生这么小的个头，要是我们准备的桌椅高度不合适，等会儿寿星吃不到菜，我们酒店会被它投诉的。”

几个虾米听完，正要去换椅子，就听寿星章鱼大喊道：“谁允许你们动那些东西了！我现在租了这里，这里就是我的地盘了！你们都不准动！”

螃蟹也被突如其来的大喝吓了一跳，谁能想到眼前小个子的寿星章鱼，居然还是个暴脾气。

寿星章鱼接着说道：“既然我已经到了，这个生日会就可以开始了！”

螃蟹说道：“那个，还有几位嘉宾没到，要不要等会儿？”

寿星章鱼说道：“哼，我早就料到那几个老朋友会迟到，所以我这个生日要欢庆一周！”

“大脑门儿”的火鹤鱼

虾米服务员听了都无奈地摇了摇头，说："这章鱼不是章鱼，可要过一周生日，倒真是名副其实的寿星呀！"

那么，你们觉得《海错图》中的寿星章鱼是火鹤鱼吗？我们一起看看聂璜笔下的寿星章鱼长什么样子吧！

螺藏仙女，
蛤变观音。
章鱼效尤，
相现寿星。

出自《海错图》

海洋冷知识

★ 火鹤鱼因为脑袋上长有圆形的肉瘤，很像民间寿星的造型，所以火鹤鱼又被叫作寿星头、寿星鱼，同时也被视为吉祥长寿之鱼。

提问：真正的章鱼有几只触手？

答案：8只。

“真假”海和尚

海和尚 海洋身份证

姓名：海和尚

生活地点：福宁州（今福建霞浦）

性格特点：长得丑但很温柔

“真假”海和尚

生日宴会已经接近尾声，可主角寿星章鱼的脸色却不是很好看。

“怎么我过个生日，老朋友一个都没来？”

迟到的神龙不好意思地说道：“寿星兄弟，对不住了，潜牛因为掀翻过往的船只，要接受批评教育，我这才耽误了！”

“那海和尚呢？这家伙每次见面都长得不一样，我还想看看这次它弄个什么造型来呢！”寿星章鱼生气地说道。

护士鲨一边拿着一张海报，一边说道："那个长得和六七岁的小孩一样，顶着个猴子脑袋，眼睛发着光的，是海和尚吗？"

寿星章鱼说道："嗯？不对呀，它上一次的造型不是鳖身人首吗？"

这时候，姗姗来迟的三尾八足神龟发话了："几年前我曾在海上碰见过海和尚，像是只章鱼，我还差点把它认成寿星章鱼了呢！"

神龙也插话道："不对吧，我也见过海和尚。不是半鱼半虾吗？上次它被人捉了，嘴里不停地嘟囔着什么，听起来和念经一样，不然谁叫它海和尚？"

这下，在座的几位都不乐意了。毕竟每天大家低头不见抬头见的，都不想顶着一个乱说话的名头。可到底谁说得对呢？

突然，门被缓缓地推开，一只硕大的乌龟脑袋出现在大家面前，说道："不好意思，来晚了！"

"啊！"大家见到海和尚，全都发出了惊讶的感叹。

三尾八足神龟说道："海和尚，是你吗？原来你是一只棱皮龟？"

大家你一言我一语，对海和尚的新造型又惊讶又疑惑，议论纷纷，很是热闹……

那么，作为古代民间传说中的海和尚，究竟是何方神圣呢？

据现在的研究人员推测，这个说法中的海和尚极有可能就是棱皮龟。

棱皮龟为什么有可能是海和尚呢？这就要从外形说起了，我们先来看看聂璜在《海错图》中画的海和尚，再看看真实的棱皮龟的样子，一样圆圆的脑袋，独特且不同于其他海龟的背甲，远远看过去，还真是“鳖身人首”呢。

学名	棱皮龟	身长	最长能达 2.6 米
寿命	60–100 年	体重	可达 916 千克

棱皮龟对于吃的没什么讲究，鱼、虾、蟹，甚至是有毒的水母，都是棱皮龟菜单上的一道佳肴。虽然棱皮龟没有牙齿，但它们的食道内壁有大而锐利的角质皮刺，可以把水母钩住，然后再吞进胃、肠进行消化吸收。

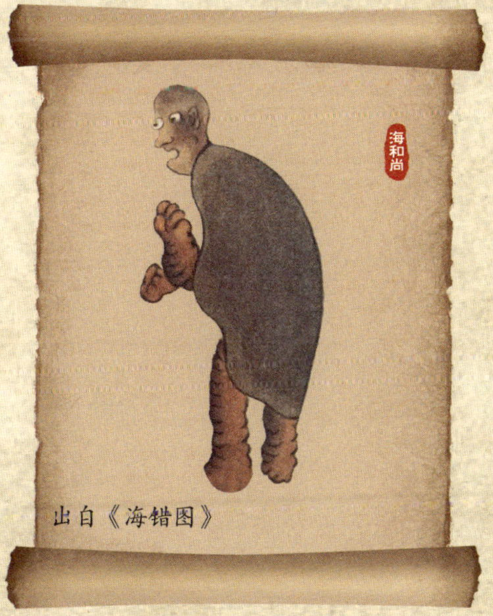

出自《海错图》

一般棱皮龟的寿命在 50 年左右，但也有活到 100 年的长寿龟。随着近年来生存环境愈发恶劣，棱皮龟的数量锐减，已经属于易危生物了。

海中和尚，本不求施。
危舟撒米，乞僧视之。

海洋冷知识

★ 棱皮龟可以调节体温，在冰冷的海洋中，它们依然能保持 25 摄氏度左右的体内温度。

提问：生日宴会上海和尚和三尾八足神龟谁到得更早？

答案：三尾八足神龟。

剧场三

超级变变变

鹿鲨——我可是“两栖动物”

鹿鲨 海洋身份证

姓名：鹿鲨

别名：鹿子鱼、鲨鹿儿

生活地点：陆地和海洋

特长：变魔术

快看，这几天海里可热闹了。

“听说有明星要来我们这儿演出。”

此刻，刚从海边晒太阳回来的小海龟正兴奋地说：“是真的，我都在海边看到‘花生魔术团’的横幅了。”

名字 野生海马

保护等级 国家二级重点保护野生动物

小蛟托着下巴，对这一消息的真实性表示怀疑：“可它们不是一直都在陆地上表演吗？据说，几位魔术师都是陆地上的动物，都无法在海里呼吸，更别提演出了。”

小海马也点点头：“没错，海豚哥哥的救援队还经常把一些不小心掉进海里的动物送回陆地呢。”

听着它俩的话，小海龟也不确定了，但还是红着脸辩解：“万一，万一它们都会游泳呢？”

三个小伙伴你看看我，我看看你，正苦恼着呢，就见爱管海里大事小情的神龙和另一条从没有见过的鱼朝它们游来。

那条鱼不算小，棕黄色的身上布满了白色斑点，头顶上的大角很是显眼，看起来比潜牛的角还要大，弯弯曲曲的，像极了鹿角。

小蛟见了，兴奋地凑上前去，趴在神龙的后背上问：“神龙哥哥，这是谁呀？”

小海马跟着小声议论道：“它身上的花纹和梅花鹿的斑点好像。”

小海龟认真地端详了这条鱼一会儿：“这鱼我好像在哪儿见过。”

神龙笑呵呵地说：“这是来给我当帮手的好朋友——鹿鲨。”

“鲨鱼？那它也喜欢打架吗？”小蛟惊疑地问道。

鹿鲨赶紧摇摇头：“才不是呢，虽然我也性子急，但我可是个和平爱好者，而且我的真实身份可是‘花生魔术团’的魔术师哦。”

“花生魔术团！”三个小伙伴纷纷瞪大眼睛，带着一脸难以置信的神情惊呼道。

小蛟补充道：“可是，你不是陆地生物吗？”

鹿鲨摇摇头：“我有时是鱼的形态，有时候是梅花鹿的形态，算是两栖动物吧。”

接着，在“粉丝们”的簇拥下，鹿鲨来到海面表演变身。小蛟坐在小海龟背上观望，小海马也努力想要把头探出来，尾巴上还紧紧拽着根长长的海草。

鹿鲨对着几个小观众鞠了一躬，随后摇摇摆摆地朝着岸边游去，忽然又纵身一跃，甩起的浪花打在几个小家伙的脸上，引来一阵惊呼。

但鹿鲨却是一脸轻松，它在沙滩上打了个滚，肚皮朝上，从怀里掏出一个花洒，就像是洗澡一样，把自己的肚皮淋湿，接着又是打滚，就这样重复了三次后，竟然真的变成了一只梅花鹿。

望着那对还挂着水珠的鹿角，三个小家伙目瞪口呆，谁也没想到真的有鱼可以变成梅花鹿。反观鹿鲨，它得意扬扬地晃了晃身子，又变回鱼的样子，一溜烟地回到海里，再次将水花打到观众脸上。

几个小家伙这才回过神，满脸的兴奋与激动，将鹿鲨围作一团，咋呼个不停。

这些忠实热情的观众又叫来更多的观众，大家争相让鹿鲨表演，鹿鲨不好意思打消大家的热情，于是只好和神龙说一会儿再帮它巡逻，先找个更大的场地给大家表演魔术了。

神龙一脸慈祥，看着它们越游越远。突然，一旁小海龟愤怒的声音响起：“我想起来了，之前在海滩上晒太阳，就是那个家伙差点踩到了我。”

聂璜曾在《海错图》“鹿鱼化鹿”一章中，记述了鹿鱼这种生物，它会在春夏两季跳上岛变成鹿，有关它的记载屈指可数，这让本就神秘的“两栖动物”身世更加扑朔迷离。他在《海错图》中画了鹿鱼在岸上和水中的状态，朋友们，你们觉得鹿鱼会是哪种海洋生物呢?

海洋冷知识

★ 鹿鲨是否存在未能考究，有人推测是因为麋鹿游泳的时候，鹿角上缠着水草，所以被误认为是由鱼变化而成。也有人推测鹿鲨可能是豹纹鲨，因为豹纹和鹿近似。

提问：什么是两栖动物？

答案：典型的是幼体在水中，用鳃呼吸，成年体在陆地上用肺呼吸的动物，包括蛙、蟾蜍、蝾螈等。

蜃——伟大的魔术师

蜃 海洋身份证

姓名：蜃

别名：大蛤蜊

生活地点：东海

特殊能力：通过吐泡泡变魔术

在外面表演出尽风头的鹿鲨，带着它的忠实观众刚回到海底，这才得知，神龙一直和它说的麻烦已经来了。此刻，大家正议论纷纷：“虎鲨那个大坏蛋，又开始到处捣乱了。这不，今天又把海豚救援队的救生圈给咬坏了，海豚队长又来投诉啦。鹿鲨决定再找个帮手一起协助神龙。”

正在神龙一筹莫展之际，一只巨大的贝壳出现在它的门口，这家伙的身体大到连门都进不来，只好先侧身在门外等待。

神龙只好先送走气呼呼的海豚队长。它疑惑地看着眼前大蛤蜊一样的家伙说：“蜃大叔，你怎么有空到这里来了啊？”

名字 瓶鼻海豚

别名 宽吻海豚

保护等级 国家二级重点保护野生动物

原来，蜃这种生物，年龄越大，体形也就越大，像这么大一只蜃，应该活了几千年了。

蜃大叔不紧不慢地说："鹿鲨那个臭小子让我来帮忙，想要抓住虎鲨那家伙怎么少得了我呢。"

这可把边上看热闹的海洋生物好奇坏了，它们一股脑地凑上前，围着蜃大叔巨大的身体一阵看，有胆大的小鱼还在它的贝壳上蹭了蹭，心说：这蜃大叔可真有意思，说话的时候像小狗一样，舌头耷拉在外面，还不停地吐着五颜六色的泡泡。

蜃大叔呢，也不生气，笑呵呵地看着这些小家伙。几个捣蛋鬼弄得它直痒痒，它一不小心打了个喷嚏，竟然吐出许多和屋顶一样大的大泡泡，将一些小鱼包在里面，小鱼们轻飘飘地朝水面漂去。

一旁的小海龟眨巴着眼睛，仰头看着这一切，一脸的羡慕。蜃大叔见了，轻轻吐出一个气泡，紧接着一片陆地般的场景出现在小海龟眼前，有沙子，有阳光，还有高高的椰子树，就像是把沙滩搬到了海里一样。

这可把小海龟高兴坏了，正想美美晒个太阳呢，谁知它的脚刚碰到沙滩，整个沙滩就变成了一堆小气泡，掀起的气流直接将小海龟摔了个四脚朝天。

鹿鲨不知什么时候出现的，它得意地介绍道：“这是我的老师，蜃大叔。不管是在海里还是陆地，它都是最伟大的魔术师。只要它轻轻吹口气，就可以像刚才那样，制造出它想要的场景，陆地上有人把这叫作‘海市蜃楼’。”

神龙也点点头：“蜃大叔的身上还有一个神秘的传说，在我很小的时候就听说过，海里有一个大贝壳，其实是由鸟变成的。”

“从鸟变成贝壳，就像是鹿鲨从梅花鹿变成鱼那样吗？”

眼见几个小家伙儿眼里的好奇藏都藏不住，蜃大叔这才笑呵呵地说：“错，我们以前是雉鸡，翅膀上有蓝色的羽毛，身上有五彩斑斓的颜色和光怪陆离的图案。也有的说我们是凤凰的后代，但是学了魔术以后，我还是更喜欢海里的生活，所以在冬天的时候我们就会到海里生活，夏天的时候偶尔也会变成雉鸡的样子，飞出水面。”

听着这话，小蛟仔细打量着蜃大叔贝壳上的花纹，还真是像鸟的羽毛一样。

大家都期待蜃大叔展示一下变身的技能，想要看看雉鸡究竟有多么美丽和神奇。

于是，蜃大叔挥舞着两片贝壳，就像是鸟挥舞着自己的翅膀，随后又从嘴里吐出越来越多的泡泡，将自己包围起来，慢慢地朝着水面漂去，身上的花纹逐渐松动，慢慢变成了羽毛。

哇，这靓丽的冠羽，这强健的翅膀，这夺目的光彩……大家都被眼前的一幕惊住了。看来，这能变成蜃的雉鸡，可真不是凡鸟呀。

蜃大叔的神奇魔法是不是让你眼前一亮呢？聂璜在《海错图》中认为蜃既然是海洋生物，那可以变成蜃的雉鸡也应和海鸥是同类。

那么，我们一起看看可以变成雉鸡的蜃长什么样子吧！

雉入水为蜃，
难穷变化神。

出自《海错图》

海洋冷知识

★“雀入大水为蛤、雉入大水为蜃。”传说小蛤蜊都是由麻雀变成的，蜃是由雉鸡变成的，但是蛤蜊身上的花纹没有蜃那样丰富。

★由于光线的反射和折射，在海边或者沙漠出现虚幻的楼台城郭，也有人认为是巨大的蜃吐出的蜃气。

提问：蜃给小海龟变的魔术叫什么？

答案：海市蜃楼。

虎鲨——水中陆上我最强

虎鲨 海洋身份证

姓名：虎鲨

生活环境：陆地和海洋

性格特点：凶猛暴躁

“快跑啊，老虎来了！”

还没等大家欣赏完蜃大叔的表演，远处就传来乱哄哄的声音。现场的海洋生物面面相觑，大家心想：真是奇怪，大海里怎么会有老虎呢？

最后还是小蛟胆子大，就见它从神龙身后探出个脑袋，向不远处望去。此刻，一个浑身布满黑黄色花纹，与老虎十分相像的家伙，正大摇大摆地往这边游，眼睛恶狠狠地盯着逃离的小鱼们。

原来是虎鲨，它是最近才搬到这个海洋村落的，它的体形远比其他的鲨鱼要大，据说打起架来也比其他鲨鱼要厉害许多，连潜牛都不是它的对手，所以大家都害怕它。听说它的脾气还很差劲，经常到处欺负别的海洋生物，神龙这才请了蜃大叔和鹿鲨来帮忙惩治这个惹是生非的家伙。

就在这时，一条小丑鱼不知是不是太慌张，竟然游错了方向，眼看离虎鲨越来越近，小蛟的心都要提到嗓子眼了。

虎鲨看着面前的小丑鱼，咧开嘴得意地说：“怎么，小家伙，你不害怕我吗？我可是海底最厉害的鱼。”

说着，虎鲨大嘴一张，露出尖利的牙。它的牙齿很多，是其他鲨鱼的两倍，这让小蛟心里暗想：要是被这家伙咬到，肯定很疼。

名字 小丑鱼
别名 海葵鱼
爱好 喜欢在海葵多的地方玩，还可以躲避天敌的攻击。

就在这危急时刻，比虎鲨小一号的鹿鲨竟然挡在了虎鲨的面前，说道：“喂，大块头，还记得我吗？”

虎鲨目光一定，露出恶狠狠的表情：“当然记得。我在陆地上见过你这家伙，怎么？你想帮它吗？可就算你能变成鹿，也一样是我的猎物。”

鹿鲨冲着它做了个鬼脸，说：“那可不一定。”

紧接着，大伙儿就见鹿鲨“咻”的一下冲了出去，虎鲨一个大转身便展开了追逐，蜃大叔则不紧不慢地跟在它们的后面。

它们你追我赶。刚才还胆战心惊的小鱼们看得目瞪口呆，见它们越游越远，大家才赶忙追去。

在海面不远处，大家还看到了蜃大叔的海市蜃楼。此时，沙滩上，鹿鲨变成了鹿正摇晃着它的大鹿角，似乎在挑衅虎鲨。虎鲨不甘示弱，瞪着它的双眼，龇牙咧嘴。此时，它的脑袋已经是老虎形状，身上的花纹也变得粗糙，但这只老虎看起来有点奇怪，它的额上并没有“王”字的花纹，而是黑乎乎的毛，胖乎乎的肚皮下也没有和老虎一样锋利粗壮的爪子，还是和鱼一样的鱼鳍，看起来很滑稽。

看来呀，这虎鲨是变身失败了。

大家看着虎鲨笨拙的样子，忍不住笑出声来。虎鲨这才红了脸，想要重新回到海里。

就在这时，水面跳出一只巨大的鸟，有五彩斑斓的羽毛和强健的翅膀——原来是蜃大叔变成的雉鸡！

就见雉鸡抖了抖翅膀，刮起的大风直接把虎鲨吹翻，虎鲨肚皮朝上，四条短腿努力挣扎着，就像是四脚朝天的小海龟一样。

如此一来，还没等神龙出手，请的两个帮手就让虎鲨出了丑，这个坏蛋就只能老老实实地束手就擒啦。

其实不仅《海错图》中有关于能变成老虎的海洋生物的记载，明代李时珍在《本草纲目》中也记载了一种可以变成老虎的“鱼虎”，但聂璜认为鱼虎只有六七寸，根本变不成老虎，所以他还是认为虎鲨最可信，接下来，让我们一起来看看古人眼里的虎鲨长什么样吧。

虎纹直而疏且长者，海鲨所化也。

出自《海错图》

海洋冷知识

★ 居氏鼬鲨的别名也叫“虎鲨”，因为这种鲨鱼体侧有暗褐色的纵纹，幼年鲨体侧的斑纹更清晰，居氏鼬鲨有着锯齿一般的牙齿和发达的颌部肌肉群，因此有着强大的咬合力，十分凶猛。

提问：花生魔术团哪两位成员制服了虎鲨？

答案：虎鲨和魔大叔。

剧场四

海中一抹色

红鱼——红配绿也很美丽

红鱼 海洋身份证

姓名：红鱼

别名：新妇鱼

生活地点：福宁州（今福建霞浦）

特点："鱼"美心善

"等一下，还不能决定谁是冠军！"

大家循着声音望去，一条红通通的鱼正快速朝着舞台的方向游过来。

小吸盘鱼看着新来的鱼悄悄地戳了戳环鱼，说道："快看，它和你一样，全身都是红通通的，真像个新娘子！"

环鱼流露羡慕的神情，耷拉着脑袋说："人家可比我好看多了。"

新来的鱼与两条鱼擦身而过，气喘吁吁地上了舞台，嘴里连说："对不起，对不起，我来晚了，我是来参赛的——红鱼。"

此话一出，大家都非常惊讶，这就是大名鼎鼎的红鱼吗？

传说，在一次宴会上，龙王的儿子喝醉了酒，善良的红鱼将它送回龙宫。喝醉酒的龙太子也因此喜欢上了善良美丽的红鱼。龙王知道了此事，特地在靠近海岸线的地方为红鱼打造了一个沙土宫殿。不仅如此，为了让红鱼做自己的儿媳妇，它还用最好的布料给红鱼做了一件婚衣，红通通的衣裳搭配绿油油的袖子，看起来十分喜庆。你瞧，红鱼喜欢极了，一直都不肯脱下来。

因此，红鱼还有着“新妇鱼”的称号。

还有鱼听说，红鱼小的时候是和自己的亲戚绿鳍鱼一同长大的，所以许多生活习惯都和绿鳍鱼一样，加上它们都有绿色的鱼鳍，所以很多鱼都认为它也是绿鳍鱼的一种。

再看此刻的红鱼，在聚光灯的照耀下，翠绿色的鱼鳍丝滑如绸，上面还分布着深蓝色的圆形斑点，华丽得如一对蝴蝶翅膀。此外，它的脑袋虽然有点方，但鲜艳的颜色配上俊俏可爱的面容，那模样确实很难有鱼不喜欢。

就在这时，负责主持的锦绣龙虾走上台来，说道：“其实呢，红鱼小姐已经连获三次‘最美的鱼’冠军了。所以它这次来，并不是为了争夺冠军，而是受邀来做颁奖嘉宾的。”

紧接着，红鱼冲着台下鞠了一躬：“谢谢大家的喜欢！我想说的是，在我小的时候，我是一条普通的小鱼，瘦瘦小小的，所有鱼都不会多看我一眼。但后来我变得自信，并且乐于帮助其他海洋动物，这才由内而外透露出一种美。”随后它顿了顿，又继续说道：“刚刚在来的路上，我就看到一条很美的鱼，此刻它就在台下。”

随后，红鱼神秘一笑，看向台下的环鱼。

小吸盘鱼顺着红鱼的目光看去，激动地对环鱼说道：“大块头，说的是你呢。就说你很棒啊，不仅温柔，还总是做‘顺风鱼’帮助其他小鱼。”

与此同时，又有鱼接话：“这不是环鱼嘛！上次我的孩子卡在石头缝里，就是它给救出来的，可帮了我的大忙了！”

“对，对，我也见过它……”

“我早就说过环鱼黑红搭配的外形很美呢！”

故事最后，比赛在欢声笑语里落下帷幕。

什么？你问冠军花落谁家，那谁记得呢，可能是水沫鱼和环鱼并列第一吧，美丽又善良的鱼儿太多了，反正颁奖嘉宾是“幸运女神”——红鱼小姐哦。

聂璜在《海错图》中记载，康熙三十四年，福宁州的渔民抓到了一条红鱼，通体鲜红色，鱼翅和鱼尾是翠绿色，十分可爱。大家来看一看《海错图》中红鱼的样子和你想象的一样吗？

翠袖红衫，朱颜不丑。

出自《海错图》

海洋冷知识

★ 故事中提到的绿鳍鱼身体两侧有一对状如蝴蝶翅膀的胸鳍，几乎和头部一样大，它们利用这对胸鳍，能在水中游走滑行，保持平衡。

提问：红鱼为什么迟到？

答案：因为家住福宁州，太远了。

环鱼——我长得像甜甜圈？

环鱼 海洋身份证

姓名：环鱼

曾用名或别名：鳏鱼

性格特点：有点自卑，容易害羞

“滴滴，您的顺风鱼正在赶来的路上，请您耐心等待。”

拎着包的小吸盘鱼焦急地等待着，今天可是海底大世界一年一度“最美的鱼”评选的日子，千万不能迟到。

要知道，比赛现场，所有鱼都可以投上自己宝贵的一票，赛后大家一起用水草编花环，一起开宴会，快活极了。为此，小吸盘鱼提前好几天就从外地跑回来了。

“对不起，请问是您叫的顺风鱼吗？”

顺风鱼司机憨憨的模样把小吸盘鱼逗乐了，于是它松开水草，好奇地绕着大鱼游了几圈。这才发现，它身上的鱼鳍和背脊，竟然都是红色的，在阳光底下亮闪闪的，很好看。

小吸盘鱼一边欣赏，一边大方回应道：“没关系，不需要鞠躬啦。”

大鱼却依旧垂着脑袋，说：“您好，不是的，我是环鱼，身体一直都是弯曲的，很抱歉呢。”

小吸盘鱼听了，一边摸着环鱼滑溜溜的鳞片，一边说道：“为什么要道歉，我觉得环形身体没什么不好，一看就游得很快。”

环鱼有些不好意思，本来就红通通的身体更红了。小吸盘鱼见状，哈哈一笑，转移了话题：“既然来了那我们现在就出发吧。”

正说着，小吸盘鱼倏地一下，钻到了环鱼身下，并用自己的吸盘紧紧吸着它的肚皮，随后露出得意的表情，似乎对自己的上车方式很是满意。

环鱼见状，摆了摆尾巴，羞答答地说：“不好意思，我行进的动作会有些奇怪，你要不要吃颗糖，防止晕车。”

小吸盘鱼听了，从环鱼准备好的口袋里，拿出一颗糖放进嘴里，含含糊糊地回答：“真是个暖心的司机呢，现在我准备好啦。”

话音刚落，环鱼动了起来，像是巨大的轮胎在水里滚动，有力的尾巴拍打着水花，偶尔还会把小珊瑚礁拍碎，小吸盘鱼随着巨大水流上下摇摆，兴奋不已，大声喊道：“这可比过山车好玩多了，你可真棒！”

“谢谢你，没能服务好你，真是抱歉。”环鱼每一次道歉，身上就会更红一点，似乎是因为害羞。没一会儿，环鱼就带着小吸盘鱼赶到了比赛现场。

小吸盘鱼松开吸盘，游到环鱼面前：“谢谢啦，大块头。你可真棒！还有，不要总说抱歉啦。”

小吸盘鱼见环鱼依旧一副很抱歉的样子，两只眼睛滴溜溜一转，突然兴奋地拽着环鱼长长的胡须说道：“你要参加‘最美的鱼’评选吗？就在里面，可热闹了。你这红通通的鱼鳞这么好看，肯定有不少鱼选你的。”

环鱼赶紧摆摆手：“抱歉，我……”

话音未落，小吸盘鱼便不由分说地使劲儿拉着它进入会场，嘴里还念叨着：“再说你这么好，心灵美也是一种美呀。”

聂璜在《海错图》中说有一种“鳏鱼”，也就是“孤独的鱼”，就是环鱼，他眼中的环鱼体形很大，通体为深红色，鱼尾和鱼鳍是黑色，看看这张图，是不是很传神呢？

出自《海错图》

海鱼衣绯，何以伛偻？密迩龙王，敢不低头？

海洋冷知识

★ **传说因为环鱼是在龙王身边工作的，所以才会总是弓着身子，低着头。**

提问：谁推荐环鱼参加“最美的鱼”的比赛呢？

答案：小吸盘鱼。

水沫鱼——鱼大十八变

水沫鱼 海洋身份证

姓名：水沫鱼

别名：柳叶鳗

生活地点：福建海域

爱好：吃海洋中漂浮的有机碎屑

嗨！这里是“最美的鱼”评选现场。

正如你所见，水母灯在舞台上空轻轻摇曳，仿佛星辰在闪烁，舞台中央彩色的泡泡飘呀飘，一切都显得如梦似幻。环鱼和小吸盘鱼才找到位置，就见负责主持的锦绣龙虾拿着话筒，兴奋地说：“让我们欢迎下一位选手，它就是‘水中小精灵’——水沫鱼！”

与此同时，鱼儿们的欢呼声更大了，似乎都很期待水沫鱼的出现。但是过了许久，久到大家开始忍不住东张

西望了，却依旧不见水沫鱼的身影，这到底是怎么回事？

“大家好，我是水沫鱼。”一个声音从舞台中央传来，观众又往舞台上看去，依旧没有鱼在上面，难道是话筒自己说话了？

突然响起的声音，让现场气氛变得更加紧张，几个调皮的小家伙开始坐不住了，纷纷向前挤去，想要看个究竟。锦绣龙虾见状，快速将灯光调暗，又指挥调光师将灯光集中在水沫鱼身上，说：“不好意思，现在大家应该可以看到了。”

灯光下，水沫鱼的轮廓慢慢显现。它的身体小小的、扁扁的，就像是春天里刚长出来的柳叶，细细长长的，但又小得可爱。此外，它无色透明的身体上，隐约可以看到一些细细的纹路，像是窄窄的骨头，又像是灰色的花纹。

“原来是透明的啊，怪不得看不见呢！”“世界上怎么会有透明的鱼呢？”“它看起来很好吃。”不知是谁先开了口，大家纷纷议论起来，但都尽量控制着音量，生怕吓到小小的水沫鱼。

水沫鱼听见了大家的议论，用软软的声音说道：“是的，我是透明的，身体又很小，有时夜里游过会吓到其他鱼，所以也有鱼叫我‘海底小幽灵’。另外，也有传言说我的身体是由泡沫构成的，是不是很神奇？”

话音刚落，不少鱼都笑了起来，呼喊道：“你骗鱼呢，怎么会有鱼是由泡沫构成的呢？”

水沫鱼继续说道："那些都是误传啦！我的身体之所以像泡沫一样轻飘飘的，看上去既没骨头也没有肉，遇到水还会变得滑溜溜的，是因为我的身体是由胶质的'黏多糖'构成的，这使我看上去是无色透明的。如果对着太阳看，还可以看见我的一根长长的脊椎骨呢，由于我的身材，我游泳的能力并不强，只能顺着洋流到处漂。"

"你的身体不是由蛋白质构成的，那你还算鱼吗？"

"不算鱼怎么能参加比赛呢？"

"但它确实长得很像鱼呀。"

眼见鱼儿们又开始你一句我一句地争论起来，水沫鱼不慌不忙朝主持的锦绣龙虾点了点头，随后一张图片出现在它身后的大屏幕上，上面是一条鳗鲡，鲜艳的花纹使它看上去漂亮极了。

等观众收回视线，水沫鱼自豪地说道："这可是我长大后的样子，到时候你们可以称呼我为鳗鲡，发现了吗，我可是从小美到大的哦。"

"鳗鲡？是那个海底人参吗？"

"真是鱼大十八变呢。"

渐渐地，掌声响起，掌声由弱变强，不知又是谁先开了口，大家异口同声地喊着："冠军，冠军，冠军……"

不同于现代科学家的推断，聂璜认为水沫鱼就是一种水沫凝结的独特鱼类，在阳光下一晒，就薄得像纸一样。因此《海错图》中水沫鱼的形象也尽力在还原人们对这种鱼的描述，大家一起来看看吧。

柔如败絮，
透若水晶，
就日则枯，
在水无痕。

出自《海错图》

海洋冷知识

★《海错图》中写道："闽海有一种水沫鱼，系水沫构成。"也就是聂璜认为水沫鱼生活在福建一带。据今天研究人员的推测，水沫鱼很可能就是鳗鱼的幼体，巧的是，今天的福建现已成为"中国最大的鳗鱼产地"。因为福建气候温暖湿润，海岸线漫长，有众多江河流入，水文状况适宜，且水质好，适合鳗鱼的养殖。

提问：水沫鱼的身体为什么是透明的？

答案：因为身体由胶质的"黏多糖"构成。

剧场五

宝贝！全是宝贝！

巨蚶——我是"宝藏老男孩"

巨蚶 海洋身份证

姓名：巨蚶

别名：魁陆

生活地点：琉球群岛一带

爱好：淋浴，打磨外壳

最近海底城的老乌贼得了一种怪病，这可把其他家庭成员急坏了，到处寻找可以帮它调理身体的名贵药材。

这天，老乌贼神神秘秘地找到它的忘年交——小寄居蟹，拜托它到琉球群岛附近，寻找自己的神医老朋友，只要那位神医肯来，老乌贼的病很快就会好的。

名字 寄居蟹
别名 蟹螺

受委托的小寄居蟹来到老乌贼说的地方，并没有看见什么神医，但它发现了一个奇怪的家伙，它稳稳地躺在海底“瀑布”下方，任凭湍急的水流冲刷在身上，那模样像极了一位正在修行的苦行僧，巨大的冲击力要换作是小寄居蟹躺那儿，怕是连一秒钟都不到，就会变成碎片。

小寄居蟹看得出了神，直到“苦行僧”现出庐山真面目，它才缓过神来。原来那家伙是个体形硕大的贝壳，刚刚暴露在外的，就只是身体的一小部分。此刻它横在小寄居蟹面前，简直像座小山。它的表面有许多隆起和深深的沟壑，凸起的部分有粗大的鳞片，边缘弯弯曲曲的，就像是一朵大荷叶，那一道道深深的沟壑，就像是被车轮碾压留下的痕迹，因为刚刚被水流反复打磨，光滑了许多。

小寄居蟹呆呆地看了许久，这才确认眼前的“苦行僧”就是自己要找的巨蚶。只是它并不像老乌贼说的那样，仅有杯子那么大，而是足足有一米多长。这也难怪，它都是快一百岁的贝壳了，个头大些也不足为奇。

但这喜欢躺在瀑布底下，用水流冲刷身体的习惯似乎是它去印度洋旅行时学来的。

别看巨蚶的外壳很粗糙，外表也并不十分漂亮，但它张开贝壳后，贝壳里面却是五彩缤纷，孔雀蓝、粉红、翠绿等绚丽的颜色和各种各样的花纹十分夺目。

得知自己的朋友老乌贼生病，巨蚶二话不说，回家取了个盒子，便与小寄居蟹一同出发看望老乌贼。据它自己说，盒子里装的正是它用来治病救鱼的宝贝——一颗巨大的珍珠。

没错，巨蚶不仅有着奇怪形态的外壳和绚丽的颜色，和其他可以出产珍珠的贝壳一样，巨蚶只需要将一颗小小的沙子藏进身体里，就可以分泌出一种珍珠质，后随时间推移逐渐形成珍珠。

这珍珠十分宝贵，只是不知道，这珍珠真的可以治病吗？

聂璜在《海错图》中说巨蚶往往生活在海洋深处，身藏偏僻深海的巨蚶可以长到簸箕那么大，巨蚶的外壳可以厚达几寸，想来是十分震撼的，我们一起来看看《海错图》中的巨蚶是什么样子吧！

巨蚶巍然，名称魁陆。

出自《海错图》

海洋冷知识

★ 蚶是南方沿海地区人民喜食的滩涂贝类。它的壳有一条条肋，肋间长有细毛，毛间往往存留泥浆，显得脏兮兮的。在一些地区，蚶是过年时必不可少的一道菜。人们吃完后，壳要撒在院内、床下，称为“蚶壳钱”，象征财富。

提问：巨蚶打算用什么医治老乌贼的病？

答案：珍珠。

青翠——孔雀过海留下的羽毛

青翠 海洋身份证

姓名：青翠

曾用名或别名：土匙、泥匙、瓠(hù)栽

生活地点：福建海边

爱好：在沙滩上睡懒觉

此前为了给生病的老乌贼一个惊喜，巨蚶给他俩的老朋友青翠传去了消息，希望对方能到海底城一起聚聚。

而此时，巨蚶已经领着小寄居蟹到了老乌贼家门前，因为它一直没有收到青翠的回信。巨蚶正犹豫着要不要先进去，就见老乌贼的孙子小乌贼每条触手上都挂着一个小口袋，一蹦一跳地捡着贝壳，见到小寄居蟹到来，还不忘热情地伸手打招呼，差点就将小口袋打翻。

名字 乌贼
别名 墨鱼
乌贼的体内有一个墨囊，在紧急关头，乌贼会喷出大量墨汁。

小寄居蟹见了，赶紧上前，好奇地打量着小口袋：“哇，你又在捡贝壳吗？我看看，花甲、青口贝，还有花螺呢。”

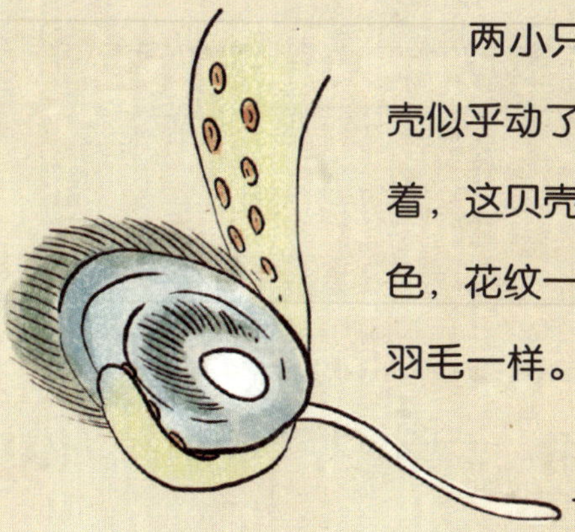

两小只正认真地数着贝壳。突然，一个绿色的贝壳似乎动了一下。小寄居蟹用力揉了揉眼睛，仔细端详着，这贝壳还真是漂亮呢。只见它椭圆形的身体呈淡绿色，花纹一圈一圈的，顶端还毛茸茸的，就像是孔雀的羽毛一样。

于是，小寄居蟹大着胆子，用钳子戳了戳它露在外面的“小肉条”。又见小肉条扭了扭，像是在说：快放开我，快放开我。

乌贼也好奇地凑了过来，说道：“软绵绵的，像蛏子的两个长耳朵一样的水管。”

大概是被小乌贼的举动吓到了，小肉条像触电一样，挺了挺，又不动了。

两小只好奇地将挂着小肉条的绿色贝壳举起，问道：“喂，请问你是不是还活着？”

过了许久，小肉条这才扭了扭，道：“你们这话问的，我，我只是睡着了，能不能放我回去？”

此时，受不了老乌贼唠叨的巨蚶，出现在小乌贼身后，突然说道：“哦？这不是青翠嘛，听说你改名叫‘海豆芽’了？也怪不得，虽然是个海洋生物，但和豆芽也长得一模一样嘛。”

这回，两小只更好奇了，赶紧问道：“巨蚶爷爷，您认识它？”

巨蚶笑笑说：“我们是老朋友啦，约好一起来看望老乌贼，没想到，你怎么跑到人家的口袋里去啦？”

青翠依旧红着脸，说道：“那天，我挖了个洞正准备睡觉，不知哪来的海浪，将我的洞毁坏了。我受了惊吓，迷迷糊糊又睡着了，后来就被这小家伙连根拔起，带到了这里。”

巨蚶笑得更开心了，打趣道：“谁让你长得像孔雀羽毛呢？往年你的同伴们不也常被当作值钱玩意儿被捡走吗？人类还说你是孔雀飞过大海留下的羽毛变成的呢，怕不只是你拿人家的羽毛当被子，盖着呼呼睡大觉呢。”

小乌贼听了，赶紧给青翠放下，大家一起进入老乌贼的家。

为什么说青翠是巨蚶的老朋友呢？原来，青翠是一种很古老的生物，传说在寒武纪的时候，就有青翠了，大概距今五亿四千万年前了。青翠小小的，只有4厘米长，2厘米宽，它们的外壳又脆又薄，一旦遇见太阳光，就会变成软塌塌的，非常有趣。

聂璜曾在《福宁志》中找到了一种叫土匙的生物，他认为土匙正是青翠。《海错图》中记载，青翠有海蚌一样的外壳，边缘有细小的羽毛，像极了孔雀羽毛，它还垂着一条长长的“肉茎”，因此又被称为“海豆芽”。科学家们从这些描述推测，青翠应该就是腕足动物——舌形贝。

孔雀过海，堕落一毛。

出自《海错图》

海洋冷知识

★ 舌形贝并不是贝类，它是一种腕足动物。同样是两片壳，腕足动物和软体动物里的双壳纲有很大区别，双壳纲动物的壳一般是等大的，而腕足动物的壳往往不等大。

提问：青翠被小乌贼收藏的原因是什么？

答案：长得像孔雀羽毛。

珊瑚——脆弱的海洋富贵"树"

珊瑚 海洋身份证

姓名：珊瑚

曾用名或别名：海石花、珊瑚虫

特点：色彩斑斓，像植物的动物

饮食喜好：荤素搭配

得知老乌贼生病，老朋友们千里迢迢来探望，没承想它的病竟然很快恢复了，甚至还满面红光、活蹦乱跳，拉着朋友们就去参观种在院子里的那些珊瑚。

“种珊瑚其实和种花草一样，但又不一样。”说到这里，老乌贼可来劲儿了，“我跟你们说，这些珊瑚可是大宝贝，光是安装珊瑚苗架，就要花不少时间。要知道，有了苗架后，珊瑚幼苗才能固定上去，等待周围的珊瑚虫在上面安家度过余生。又因为珊瑚虫的寿命都很短，体积也很小，所以需要非常非常多的珊瑚虫才行。有了足够多的珊瑚虫，珊瑚幼苗就渐渐成为各种奇形怪状、色彩斑斓的珊瑚了。再经过几百年，珊瑚幼苗就变成和小山堆一样大的珊瑚礁了。”

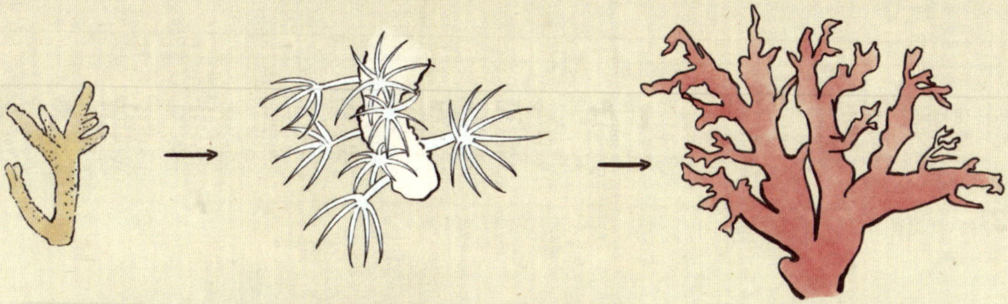

听了这些，大家伙儿们按捺不住，纷纷跑到院子里看珊瑚去了。负责照顾珊瑚的是一条鳙鱼，又叫作胖头鱼，小乌贼悄悄告诉小寄居蟹，虽然胖头鱼是种植珊瑚的专家，但是它从来没看见胖头鱼清洁过这些珍贵的珊瑚，上面肯定落了很多的灰尘。于是它们找来几条水草，想要把这些珊瑚表面擦拭干净。

小家伙们正要动手，都被胖头鱼拦了下来。原来，珊瑚虫有个特殊能力——分泌黏液。准确来说，有些住在上面的珊瑚虫会在晚上摄食时利用黏液将水中的浮游生物黏住，这些黏液还可以清洁沉积物，帮助伤口愈合呢。

几个小家伙庆幸自己刚才没有清洁珊瑚表面的黏液，不然就好心办坏事了。就见三个老爷爷正在观赏另一棵珊瑚树，那是老乌贼最喜欢的一棵，通身的火红色，就像是一团熊熊燃烧的火焰，此刻它就静静地立在珊瑚花园的最中间，耀眼夺目。

巨蚌爷爷见状打开自己的背包，取出一颗闪闪发亮的珠子，并得意扬扬地说：“这是我给你带来的珍珠，我孕育了好久才有的这颗珍珠。本想拿给你治病的。看你现在生龙活虎，还种了这么多美丽的珊瑚，我就放心了。这颗珍珠拿来和你换这棵红珊瑚可以吗？”老乌贼却摆摆手，说：“这棵珊瑚已经种了几百年，它们的生长速度很缓慢，我可不和你换。”

至此，几个小家伙才知道，珊瑚从幼苗到长成，要历时很久，都是大自然的功劳，所以极其稀有。不仅如此，珊瑚更是对整个海洋生态系统的维护起着重要的作用，一定要保护好它们。

何若珊瑚，人间至宝。

聂璜在《海错图》中记述了珊瑚的宝贵价值，古人视珊瑚及珊瑚制品为珍稀珠宝，甚至不少商人还仿制珊瑚在市场上出售，可见其在古人心中的珍贵程度。我们一起看看《海错图》中珊瑚的样子吧。

出自《海错图》

海洋冷知识

★ 珊瑚虫在生长过程中会吸收海水中的钙和二氧化碳，分泌出石灰石，这逐渐成了珊瑚的骨架，珊瑚虫的子孙不断在原骨架上繁衍，就形成珊瑚，珊瑚礁是成千上万的珊瑚聚在一起，又经过成百上千年的时间生长而成。

提问：珊瑚表面的黏膜对珊瑚有益还是有害？

答案：有益。

剧场六

海底仿生学

枫叶鱼——海里有鱼它像枫叶

枫叶鱼 海洋身份证

姓名：枫叶鱼

生活地点：福建海域

爱好：躲在枫叶堆里睡觉

当秋天的脚步悄悄临近，海底学院的对虾老师也给小家伙们带来了一些不同寻常的东西。

只见对虾老师抱着一团五彩斑斓的东西，仿佛宝贝一般捧在手上，缓缓上了讲台。台下的小家伙们立即被这团“色彩”所吸引，瞪大了眼睛，纷纷议论起来。

“这是什么呀？”“是吃的吗？”“还是玩的？”甚至有条小海金鱼大胆猜测道：“听说我们要开始上美术课啦，这不会是美术作业吧？”

看着台下学生七嘴八舌的样子，对虾老师神秘兮兮地说道：“别急，这不是作业哦！这是来自陆地的一种神奇的东西—— 枫叶。在春夏的时

名字 对虾

有的居住在热带温暖海水中，有的穿梭于寒冷极地冰层下。

候，它和我们海底城的水草一样绿油油的，但是到了秋天，它就会变成黄色或者红色，如同海底城多彩的珊瑚，十分神奇！”

眼见学生一个个被枫叶的故事迷得入了神，对虾老师心里乐开了花。它清了清嗓子，继续说道：“这还不算完，最神奇的部分来了哦。据说啊，这些飘落到海里的枫叶，在某些特别的夜晚，会被海水赋予生命，变成真正的鱼！”

“曾经有一位勇敢的渔民，在一个秋日的黄昏出海捕鱼。当他满载而归时，发现自己的渔网里不仅有各种各样的海鲜，还有一堆五彩斑斓的枫叶。令人惊讶的是，在这些枫叶中，竟然还藏着几条色彩斑斓、活蹦乱跳的枫叶鱼！”

听到这里，班级里的小家伙们早已按捺不住，它们左看看右看看，似乎在寻找什么灵感。

突然，一只小虾米跳了出来，兴奋地叫道：“老师老师，您看我像不像枫叶变的？”说着，它迅速抓起一片枫叶遮住了自己的脸，只露出一双眼睛在外面眨巴着。

对虾老师强忍着笑意，说道：“如果你是枫叶变的，那它就是你的好兄弟了。”

“它？”学生们纷纷表示很好奇。

学生们的反应对虾老师很是满意，于是说道：“今天有一个惊喜送给大家。那就是，这学期我们班转来了一位新同学—— 枫叶鱼！”话音刚落，教室顿时沸腾起来，小家伙们议论纷纷，有的兴奋地跳起来，有的则是满脸疑惑。

枫叶由绿变红，是因为叶绿素分解而导致的哦。

哇！枫叶王子！

嘎吱——

随着轻微的开门声，枫叶鱼优雅地游进了教室。只见这位新同学身形娇小，大约有 20 厘米长，全身呈现出独特的菱形轮廓，通体银白，鳞片上还点缀着细腻的黑色小点点，最引人注目的是它那长长的尾巴，就像穿着一件高贵典雅的银色燕尾服。“大家好！我是鲳鱼。”枫叶鱼说道。

小虾米见了，赶紧放下手中的枫叶，紧张地说道：“那个，不好意思，刚刚冒充了枫叶鱼！”

与此同时，一旁的小对虾反应过来，说道：“老爸……哦不，老师！你骗谁！它自己都说它是鲳鱼了！枫叶鱼呢？”

对虾老师看着，忍不住笑出了声：“我可没骗你们，这位新同学确实是枫叶鱼。但你们知道吗？在很久很久以前，鲳鱼和枫叶之间可是有着千丝万缕的联系哦。”

一听还有故事，小家伙们赶紧问道：“什么联系？快告诉我们吧！”

对虾老师清了清嗓子，说道：“还记得我刚刚说的那个传说吗？枫叶入水，变成了鱼……”

“变成了鲳鱼？”台下的小家伙们追问。

鲳鱼赶紧解释道：“不是的不是的，由于我们的外形和颜色都与枫叶相似，陆地上的人类看海又看不清，所以很久以前就有人曾把我的太太太祖爷爷误认成枫叶。后来它动了一下，岸上的人就惊呼‘枫叶变成鱼了！枫叶变成鱼了！’过了段时间，‘枫叶鱼’这个称呼就在陆地上流传开了……”

鲳鱼认真地解释，但似乎毫无作用，因为大家依旧沉浸在枫叶变鱼的魔法传说中，小虾米此时依旧很兴奋地问道：“哇，那我们是不是还能叫你枫叶鱼？”

还没等鲳鱼回答，同学们就又拉着鲳鱼说道：“快，来拍一张大合照！”

“1，2，3，茄子！”

聂璜在《海错图》中说：“闽海有鱼曰‘枫叶’。”这种枫叶鱼两翅横伸、鱼尾分叉，身体为青紫色中夹杂着斑点。他不仅画了枫叶鱼的样子，还画了枫叶在旁边的对比，是不是很相像呢？

飘沉欲海，
同偕鱼水。

出自《海错图》

海洋冷知识

★ 古代盛传，枫叶鱼是枫叶落入海底变成的，而今天学者们推测这种枫叶鱼应该就是鲳鱼，不仅在福建海域有鲳鱼，浙江有的地区把小型鲳鱼称为枫树叶。鲳鱼个头、形状确实酷似枫叶，且鲳鱼鳞很容易脱落，经过捕捞，鳞往往就被蹭掉，符合《海错图》中“其色青紫斑驳”的说法。

提问：枫叶不再为绿色的原因是?

答案：叶绿素减少。

石蜐——听说我像乌龟脚？

石蜐 海洋身份证

姓名：石蜐（jié）

别名：龟足

生活地点：浙江、福建潮汐往来处

性格特点：有点懒，不爱动

“丁零零——”随着下课铃声响起，小梭子蟹第一个横着冲出了教室。因为老师宣布了一个激动人心的消息：明天学校要举行一年一度的秋游。这可是它和新朋友小乌龟最期待的事情。小乌龟是今年从淡水小学来海洋的交换生，奇怪的是，今天小乌龟竟然一整天都没来上课。

“小乌龟呢？明明说好了一起去买零食的！”横着冲出去的小梭子蟹满脑子都是关于美食与冒险的想法，一不小心被小石头绊了个四脚朝天。

“哎哟喂！好疼，怎么……”还没等它喊完疼，它低头一看，“这不是……小乌龟的脚吗？！”这哪是小石子，这一下吓得小梭子蟹冷汗直流，难道说小乌龟今天没来是因为出了什么大事？

想到这里，它赶紧抓起那些看起来像是“小乌龟脚”的东西，一路狂奔到小乌龟家门口，边拍门边哭喊道：“呜呜呜，乌龟妈妈！不好啦，小乌龟出事啦！呜呜呜！”

门一开，小梭子蟹扑通一声趴到地上大哭起来：“乌龟妈妈，您看，这是小乌龟掉下的脚！”说着就把捡来的“龟足”摊开，展示给乌龟妈妈看。

乌龟妈妈先是愣了几秒钟，待回过神来，赶紧叫出了正悠闲躺在屋里的小乌龟，问道：“你什么时候把脚丢了？”

小乌龟一脸疑惑，说道：“我只是感冒，什么时候摔断了脚？”

小梭子蟹一见到小乌龟，来不及听它说，冲上去就试图把小乌龟“丢失的部分”安装回去，嘴里还念叨着：“快把这个装上去海洋医院，应该还有救！”

“停！”小乌龟有些无语，看着眼前呈黄绿色，内部一块软软的肉，表面似乎被细小的鳞片包裹的小东西，说道：“这不是我的脚，我脚好好的，在这儿呢！”同时还动了动灵活的足部以此来证明。

这时，乌龟爸爸从房间里走出来，推了推鼻梁上的眼镜说道：“哎呀呀，这是石蜐，是一种甲壳类动物。其实和小寄居蟹的关系更近呢。”随后又纳闷道：“只是，这石蜐不是一般都在礁石的缝隙中吗？海底也能捡到了？”

为了解开疑惑，小梭子蟹带着小乌龟，又回到了发现石蜐的地方，就见一只大海龟正焦急地转圈圈。于是，小梭子蟹上前问道：“海龟爷爷，

您在找什么？”

“唉，不知哪个调皮鬼把我放这儿的石蜐捡走了！”老海龟叹了口气，回答道。小梭子蟹脸一红，像被煮熟了一样，连忙拿出石蜐道歉：“真不好意思，我以为这是我朋友的脚呢……”老海龟听后，又看了一下乌龟的脚哈哈大笑起来：“确实挺像的，哈哈哈……”

见老海龟并没生气，小梭子蟹这才问道：“老爷爷，您要石蜐做什么？”

老海龟解释道：“哈哈，石蜐这家伙‘懒’得出名，它常年附着在石头上，或者生活在我们这些海洋生物的身上，这几颗差点就把我的龟壳当家啦。但是别看这些小家伙貌不起眼，在人类眼里可都是十分美味的食物呢。”

石蜐的外形是不是很奇特呀？聂璜在《海错图》中还记载了这样一则笑话。明朝末年，有位中举的进士到了福宁州，发现门口有卖龟脚，不知道那是什么东西，又不屑于请教当地人，便在水产采购单上写：买那种长得像“勿”“易”字形的水产。结果小吏请教了当地人后，当地人说：“肯定是龟脚。”结果还真买对了。

其壳用占，
惟弃龟足。

出自《海错图》

海洋冷知识

★ 龟足柄部肌肉十分发达，外侧有粗糙“鳞片”，像极了龟的爪子，靠伸出的蔓足滤食海水中的微小生物。宋《三山志》中有这样的记载：“龟足，以形名，坳中肉美，大者如掌。”在我国东南沿海，龟足一般白灼和酒蒸，烹饪以后，十分鲜美。

提问：石蜐是什么生物？

答案：甲壳动物。

梅花鲨——海里也能看"梅花"

梅花鲨 海洋身份证

姓名：梅花鲨

外貌特征：体形修长，身带梅花

性格特点：好脾气，渴望交朋友

冬天悄然而至，就连海底城也变得异常安静。

窝在家中的向日葵海星，做了个伸展姿势，身体瞬间膨胀到了 19 厘米。随后又圆又大的身体在床上滚了一圈，差点没把十几个触腕累得直接罢工。

“海星！海星！别睡了，出发去探险吧！”窗外传来了小对虾兴奋的声音。向日葵海星懒洋洋地爬起来，刚打开门，就被小对虾一把拽了出去。

名字 向日葵海星

濒危等级 极度濒危

海星家族中的“大个子”

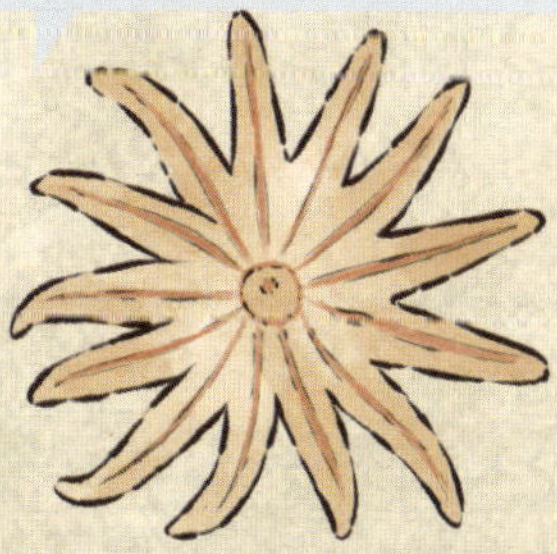

“现在是假期，让我再睡会儿嘛！”向日葵海星有些不情愿地说道。

小对虾一脸神秘地凑近，仿佛要揭开宇宙的秘密般低声说道：“嘿，你不是心心念念想看一次梅花吗？我可是费了九牛二虎之力，在我爸的‘宝藏抽屉’里翻出来了哦！”说完，它得意扬扬地从背后变戏法似的拿出一张泛黄的老照片。

向日葵海星接过照片的瞬间，眼睛瞪得比铜铃还大，那模样活像是见到了失散多年的亲兄弟，抑或是发现了新大陆的探险家，总之，激动得不行！

对虾老师曾在课堂上介绍过各种各样的花，其中，只有冬天才开的梅花，牢牢地吸引了向日葵海星的注意力。此刻，看着眼前的照片，它求证道：“小对虾，你爸爸好厉害，那你一定知道哪里能见到梅花咯？”

小对虾嘿嘿一笑，学着老爸的口吻：“小家伙，你要不说，我都没注意到，后面的背景居然有梅花。”

两个小家伙正这么有一搭没一搭地聊着，忽然一个身影划过，接着它们看到了五片花瓣，紫色的花蕊，和照片背景里的这个花一样。

“是梅花吗？”生怕自己眼花的向日葵海星，边说着边伸手去摸。

“就是……这个触感，怎么有点怪怪的？湿乎乎的，软绵绵的，不像是花瓣，倒像是鱼鳞。”

还没等它们反应过来，这“梅花”突然动了起来，一个大脑袋转过来说道：“因为你摸的是我！”

向日葵海星这才看清，眼前这哪里是梅花，这分明是条两米长的大

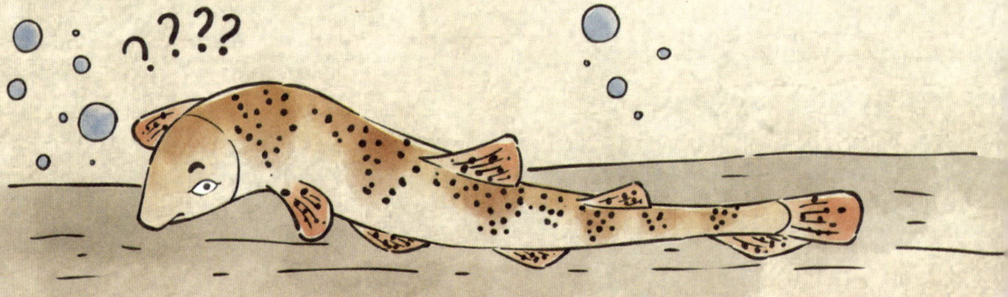

鲨鱼。只见它皮肤光滑，浑身都是灰黑色的，嘴也和其他的鲨鱼一样大。唯一不同的是，后背和身子两旁的鱼鳍上有着三处梅花般的斑纹。虽然鲨鱼看起来很疲惫，但向日葵海星还是很害怕，发抖地说道：“小对虾！这就是你说的探险吗？”

小对虾也吓得不轻，颤颤巍巍地说：“我，我，我不知道啊！”

梅花鲨看着面前发抖的“小朋友们”，无奈地说道：“你们也是来和梅花拍照的？”听到这话，向日葵海星镇定下来，转头一看，这才发现不远处的一条横幅，上面写着“海底梅花移动观赏点”。

于是它壮着胆子问道：“我们真的可以观赏吗？你不会吃了我们吗？”还没等梅花鲨回答，神龙不知道从哪里冒出头说道：“不会不会，这是我们海底城举行的冬季特别活动。小家伙们别害怕，再说了，有我在你们怕什么？”

对此，梅花鲨也很无奈，叹了口气说道：“不了解我的海底居民对我的固有印象就是暴脾气，所以没有愿意做我邻居的，这才让神龙大哥出个主意，和大家拉近关系，没想到自己成了移动景点后，如此受欢迎，都快忙不过来了。你看，只要我把身体团起来，身上的花纹就更像真正的梅花啦。”

又见眼前的小家伙们还是不敢靠近，梅花鲨主动凑上前，压低声音温柔地说：“你想用什么姿势合影？”

听到梅花鲨这么说，向日葵海星才又大着胆子，摸了摸它身上那几朵小梅花。小对虾见了，也跑过来，闹着要用和老爸一样的姿势拍照。

一旁的神龙看着这其乐融融的一幕，掏出自己的对讲机，说道：“准备一下，可以举办下一届刻板印象改变大会了！”

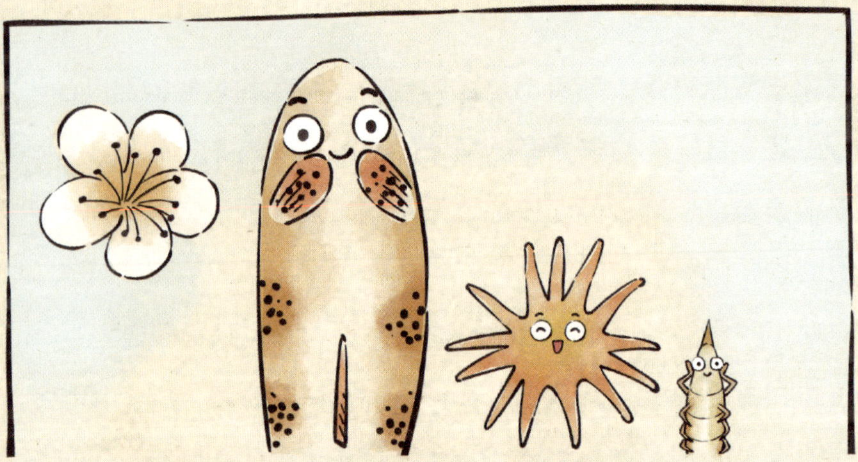

聂璜在编写《海错图》时，曾经试图考证过梅花鲨，有一位从南方沿海过来的客人，声称亲眼见过梅花鲨，说梅花鲨背部有一排五瓣梅花图案，鳍翅各有一朵梅花，分叉的鱼尾上有两朵梅花，你们看《海错图》上的梅花鲨是否与他描述的一样呢？

出自《海错图》

海洋冷知识

★ 科学家们今天认定的梅花鲨是猫鲨科下的一种小型鲨鱼，它们身体呈淡褐色，体侧有暗色横带和黑色斑点，似梅花状排列。我国的梅花鲨主要生活在南海和东海。

提问：梅花鲨的梅花都长在什么地方？

答案：后背、鱼鳍、鱼尾。

海鹅——天鹅的远房小表弟

海鹅 海洋身份证

姓名：海鹅

外貌特征：白羽黄嘴

特点：腿脚不好，爱在水里待着

秋天来了，海面上来了许多不速之客。它们有白白的羽毛，肥胖的身躯，长长的脖子和淡黄色的嘴。呀，这不是天鹅吗？可是，可是天鹅怎么会出现在海上呢？

调皮的小海蛇刚放学，看到眼前的身影，还以为是自己的好朋友天鹅来了。在它很小的时候，曾经短暂居住在一个池塘边，在那里，它认识了一只天鹅，那只天鹅也是大大的翅膀，长长的脖子，白白的羽毛，但是这只天鹅小很多，难道它减肥了吗？

想着想着，小海蛇决定上前一探究竟，于是它悄悄地躲到水底，准备吓唬一下自己这位“好朋友”。小海蛇的体长有1米，躯干像一个细长的圆筒，背部呈深灰色，隐藏在水里很难发现它们的存在。按照它的想象，对方应该如同小时候一起游戏那样，被突然出现的自己吓一跳，然后冲到陆地上，埋怨爱恶作剧的自己。

哪知小海蛇刚靠近一点点，眼前的“天鹅”竟突然用力踩了一脚水面，抖了抖翅膀，飞了起来。这下可把小海蛇吓了一大跳，天鹅那家伙平日肥肥胖胖的，抖抖翅膀顶多离开水面一个易拉罐的距离，就累得赶紧落下，没想到今天这家伙竟然真的飞起来了，还飞得那么高！

飞到天上的鹅警惕地瞪着小海蛇：“你是谁啊，干吗突然靠近我？”

小海蛇这才认出，这并不是自己的好朋友，于是一脸愧疚地浮出水面说道：“不好意思，是我认错了，还以为你是我的好朋友——天鹅。”

飞起来的鹅停在空中，看着一脸愧疚的小海蛇，翻了个白眼，似乎有些生气，说道：“又来，都说了是海鹅！海鹅！海鹅！为什么总有把我们认错的。”

听了这话，小海蛇好奇地问道：“海鹅？所以你可以生活在大海里吗？这一点倒是比天鹅厉害。”

海鹅重新落回海面，傲娇地一扭头，说：“哼！可不只是这样。虽然我的体形和脚丫比天鹅的小，翅膀却更有力量，所以我才能飞起来。天鹅那个胖家伙，想都别想。”

小海蛇游到岸边，躺在柔软的沙地上面：“是这样吗？既然你那么厉害，为什么都没听海里的鱼提起过你呢？”

海鹅依旧回到海面上，说：“我是候鸟，平常喜欢生活在温暖湿润的地方，所以每年秋天才会从北方飞到南方来。今天我刚到这里，和这片海域的鱼并不熟。”

小海蛇伸了个懒腰：“原来是这样啊。你总是在水里，不觉得累吗？上来休息一下好了。”

海鹅摇了摇头：“算啦，我的小脚在陆地上走起路来一瘸一拐的，并不好看，所以还是待在水里吧。”

远处正在刨坑的小螃蟹朝这里看过来，从它的视角来看，小海蛇和海鹅一个躺在沙滩上，一个漂浮在海面，就那么大眼瞪小眼，相互看着，尴尬又不失幽默。

又过了一会儿，小海蛇问海鹅：“那你在这里打算待多久呢？”

“哎，你能飞多高呀？”

“天鹅姐姐是你的亲戚吗？”

……

——以上，都是小海蛇的问话。

被小海蛇一连串问题问疯了的海鹅大喊：“啊！！！你的问题怎么那么多？”

《海错图》中就有关于“海鹅”的记载，聂璜说海鹅体形稍小，羽毛洁白，但由于长时间生活在水里，腿脚退化，已不适宜走路。而且海鹅的肉又柴又腥，不好吃，这也让它从热爱美食的古人口中逃过一劫，我们一起来看看《海错图》中的海鹅是什么样子的吧！

衡阳无雁，
海东有鹅。
右军所遗，
散入洪波。
——《海鹅赞》

出自《海错图》

海洋冷知识

★ 我们今天生活中见到的天鹅是不是走起路来都摇摇晃晃，看起来很笨拙呀？因为它的腿短，脚也短。全世界现存的天鹅里，除了黑天鹅，都是以白色为主的天鹅。

提问：海鹅和天鹅有什么区别？

答案：海鹅体形更小翅膀更加有力，可以飞行，但脚蹼退化，不能在陆地行走。

鲥鱼——海底的带刺玫瑰

鲥鱼 海洋身份证

姓名：鲥鱼

曾用名或别名：三黧鱼、箭鱼

生活地点：长江和大海

爱好：行侠仗义

嘘，告诉你一件有趣的事。

还在上小学的沙丁鱼，最近迷上了武侠小说，做梦都想仗剑天涯。但是它的身体小小的、软软的，看起来并不像个高手，这让它很是郁闷。

有趣的是，昨晚，沙丁鱼遇见了另一条鱼，那可是个货真价实的武林高手。只见那位大侠的身体呈椭圆形，扁扁的，身长有个 30 厘米。沙丁鱼看见它时，那条鱼大侠正在练习武艺，只见它穿着一身银色衣裳，手里握着的“长剑”，在月光下闪着寒光，轻轻一挥，便能划开层层的波浪，将不远处的水草砍倒一大片。

那样的场景，和武侠小说里描写得十分相似，这可把沙丁鱼羡慕坏了。此刻，它正守在昨晚遇见“鱼大侠”的地方，想要再睹风采，顺利的话，它还想和大侠学习功夫，好实现它行侠仗义的理想。

《中国濒危动物红皮书》——Ⅰ级

没想到，等来的竟是臭名昭著的大坏蛋，这家伙仗着自己身材魁梧，力气比其他鱼大许多，总是欺负学校里的小鱼们。

“喂，沙丁鱼。”

不好了，那个家伙也看到了想要偷偷溜走的沙丁鱼，正朝着它的方向游过来。

沙丁鱼心里十分害怕，但还是鼓起勇气问：“干，干什么啊，又想抢我的水草吗？告诉你，我马上就要成为武林高手了。”

大坏蛋愣了一下，哈哈大笑起来：“真是天大的笑话，就你这副小小的身板，怎么可能是武林高手，快把水草都交出来吧。”

就在沙丁鱼想要放弃的时候，一个声音传了过来：“喂，欺负比你弱小的鱼算什么本事。”

这声音，是昨晚的鱼大侠？

“你就是……”大坏蛋的话还来不及说完，一柄“长剑”就出现在自己眼前。就见它愣了几秒，突然“呜哇”一声哭了出来，随后就捂着头，嘴里喊着“妈妈，妈妈……”离开了。而那一声声哭喊，几乎响彻海底，把一些正在睡觉的鱼都给惊醒了。

原来呀，坏蛋鱼一直都是欺软怕硬的，平时只敢欺负比它弱小的鱼，从未招惹过体形比它大的鱼。这次面对的大侠鱼虽然个头不大，但看上去

却气势汹汹，且功夫了得，不费力气就震慑住了坏蛋鱼，所以它只得灰溜溜地离开。

就在沙丁鱼愣神的工夫，鱼大侠温柔地摸摸沙丁鱼的头，说：“还害怕吗？”

沙丁鱼噘起嘴，摇摇头说：“我才不怕呢！比起这个，大侠可以收我为徒吗？我也想当大侠！”

大侠鱼笑了笑：“什么大侠呀，我只是个爱强身健体的鲥鱼，想学功夫可没那么简单。”

鲥鱼边说着，边将它那柄透明的“长剑”插进自己的身体里，仔细看就能发现，那其实是它身上的一根刺。鲥鱼最大的特点是它的肚子，上面有许许多多的小刺，遇到危险的时候就可以拔出来，当作防身武器。

见小沙丁鱼依旧愣愣地看着，鲥鱼只好说：“如果明年这个时候，你变得比现在身体更结实、更勇敢了，我也可以考虑教你哦。”

沙丁鱼有些失望，但还是反应过来问道：“明年？你要走了吗？”

鲥鱼看看旁边的水草：“对啊，每年秋天，海水变凉，我就会搬到温暖的地方生活。等到第二年那边冷了，这里暖和了，再回来。”

“所以，明年见了，小家伙。”

接着便转身离开，只留下一个背影和望着鲥鱼背影的小小沙丁鱼。

故事中仗剑天涯的大侠，在古人眼中可是水中珍品，朝贡之物。《海错图》中记载，江浙地区的鲥鱼产自长江，味道鲜美；福建地区的鲥鱼产自大海，味道会差一些。从名字可以看出，这是一种和“时”有关的鱼，长江流域东部四月才会有鲥鱼，而福建海域则在夏、秋、冬三季有鲥鱼，是不是很神奇呢，我们一起来看看吧！

出自《海错图》

恨鲥鱼多刺，海棠无香，红楼未完。

海洋冷知识

★ 鲥鱼、河鲀、刀鱼素被称为“长江三鲜”。

★ 鲥鱼曾经是给皇帝的贡品，但因为这种鱼肉质易腐烂，所以一般采用腌制的手法制作，这可能导致这道美食闻起来臭臭的。

提问：鲥鱼的武器是什么做成的？

答案：鲥鱼身上的刺。

剧场七

奇怪档案局

河鲀——总是气鼓鼓的啊

河鲀 海洋身份证

姓名：河鲀

曾用名或别名：河豚、气泡鱼、吹肚鱼、肺鱼

生活地点：江河和海洋

性格特点：鱼如其名，因为爱生气，得名嗔鱼（嗔是愤怒的意思）

“啊啊啊，气死我啦！”

快看呀，河鲀生气了，它发起脾气来，在场的鱼都怕，此时班级里的学生，都一溜烟地跑到门外，只留下河鲀自己在那儿气鼓鼓的。

此时，几个胆子大的学生，正隔着窗户往里看。只见河鲀小小的身体开始慢慢胀大，像是个装满水的气球，原本光滑的皮肤变得很是粗糙，身上细小的凸起仿佛一根根针要向外发射，让大家觉得它随时都有可能爆炸。

这可把隔壁班的小鱼们稀罕坏了，它们一直听说河鲀十分聪明，身上有五种颜色组成的圆晕，很是娇艳可爱。不仅如此，它们喜欢吹动水和空气，使泥沙飞起，然后捕食躲在沙中的“美食”。又因为河鲀牙齿和颌骨很坚硬，所以连极硬的贝壳也能咬碎。万万没想到，身怀绝技的“优秀学生”河鲀竟然脾气如此火爆，还有“自爆”技能？

更奇怪的是，遇到这种情况，老师们却联系了奇怪档案局。

大约过了十分钟，奇怪档案局的七星蟹队长就赶到了，只见它全副武装：橙红色的防护服下是鹅黄色的肚皮，头胸甲背面有许多对称分布的紫红色斑点，这使它看起来像是只瓢虫，有小鱼偷偷数了数，似乎是十一个。但这都不重要，重要的是，它走进了教室，它要怎么解决眼下的难题呢？

名字 七星蟹
别名 红斑瓢蟹
常栖息于岩石岸或珊瑚礁浅水中。

此时的河鲀，已经彻底鼓起来了，就像是一个圆鼓鼓的皮球，身上的尖刺泛着寒光，两只眼睛恶狠狠地盯着进门的七星蟹队长。

七星蟹队长却毫不在意，温柔地靠近河鲀："你怎么生气啦？"

河鲀噘着嘴大声嚷嚷："它们要拿我擦皮鞋，还嫌我有毒！"

"擦皮鞋？"七星蟹队长愣了，随后眼珠转了转，想象河鲀被拿来擦皮鞋的样子，差点没笑出声。

河鲀见状，更加不淡定了，气鼓鼓地喊道："啊，你也要拿我擦皮鞋对不对？你也嫌我有毒吗？"

"怎么会，你的毒素主要存在于内脏，皮肤上也没那么毒，我为什么要怕呢？"七星蟹队长又过来安抚道。"再说，我全身都是防护，所以不需要怕你。"

随着七星蟹队长不停地安慰，河鲀鼓起的肚皮慢慢泄了气，身上的尖刺也变软变小，皮肤慢慢又恢复了往日的光滑。随后，它有些难过地说道：“可是，它们都不和我玩。为了让我生气变成球，还总是捉弄我。”

这时，老师也带着其他小鱼儿进了门。七星蟹队长严厉地批评了那些捉弄河鲀的学生，它们也深刻地认识到了错误，河鲀又和大家和好了。

老师戳了戳河鲀的肚皮，河鲀笑呵呵地鼓起身体，和同学们高高兴兴地玩去了。

后来呀，河鲀的座位旁边多了一只小七星蟹，从那天开始，河鲀再也没有随便发脾气，还经常鼓起身体，逗得大家哈哈大笑呢。

看来总是气鼓鼓的河鲀很受大家欢迎啊。嗔鱼就是我们熟悉的河鲀，作者有一位叫作腾云子的朋友，他见过很多种河鲀，有灰色夹杂斑点，黄色夹杂斑点，也有绿色夹杂斑点，最靓丽的河鲀，身上分布五种颜色组成的圆晕，十分可爱，而《海错图》中正是画出了那种最靓丽的河鲀。快看，小的那只就是哦。

一脔可尝，请君染指。

出自《海错图》

海洋冷知识

★ 当我们见到河鲀时，它们总是像一个气球，圆鼓鼓的，这是河鲀感到危险时的一种防御方式。但是这个可爱外表下却隐藏危险。河鲀的毒素主要存在于河鲀的肝脏和卵巢中，且河鲀体内毒素随季节变化有所差异，春季毒性最强。每年误食、海边捡食或者未在有资质的饭店吃河鲀，是河鲀中毒的主要途径，千万不要冒险品尝哦！

提问：小鱼儿为什么害怕生气的河鲀？

答案：因为生气的河鲀像一颗随时要爆炸的气球，皮肤上的突起也会变硬，像尖刺。

球鱼——我"滚"咯！

球鱼 海洋身份证

姓名： 球鱼

生活地点： 广东附近海域

爱好： 随着洋流去旅行

前阵子，海底风暴来袭，海底城居民们吓得都不让小鱼儿们出门，但还是有小家伙们偷溜了出来，例如皮皮虾两兄弟。

这两兄弟可喜欢踢足球了，但此刻它们有些苦恼，因为皮皮虾哥哥用力过猛，将球踢进了水草堆，两个小家伙花了好长时间也没有找到。

就在他们快要放弃的时候，弟弟发现了一个新皮球，这皮球表皮呈红褐色，上面有丝丝缕缕的纹路，就像是一团毛线，但是相当有弹性，有点像橡皮球。皮皮虾弟弟用力拍了拍，这皮球竟就弹了起来，可把它新鲜坏了，于是赶紧叫来其他伙伴一起来玩这个新皮球。

等小七星蟹和啧鱼赶到时，皮皮虾兄弟已经玩了好一阵儿了。此时弟弟正趴在皮球上，用力压了几下，软乎乎的，好像还有点暖和。

啧鱼看见这球也十分高兴，鼓起嘴巴说道："嘿嘿，你们看，这家伙比我还像球，好像还不容易被扎破。"边说边摇摆着肥胖的身子，用身子贴近那只球，没想到身上的尖刺不小心扎到了球上。

"哎哟喂！"

是谁在说话？皮皮虾兄弟和小七星蟹面面相觑，刚刚明明有家伙叫了一声。

"哎哟……疼死我了。"

这回啧鱼也听到了，但这声音，似乎是球发出来的？于是几个小家伙又围着球又摸又捏的，不一会儿，球又说道："是谁在踢我？刚刚还拿刺扎我。"

确认了是球发出的声音，大家都有些惊讶，并齐刷刷地看向啧鱼，啧鱼立马泄了气，颤巍巍地说道："对，对不起啊，我不知道你会疼。我还以为你是个球。"

听了这话，红褐色的球自己滚了几圈说："真是的，你们怎么这么没礼貌，我只是在睡觉，但我并不是球，我和你们一样是海洋生物，我是球鱼。"

这回大家更不淡定了，这家伙居然不是球，是鱼？

就在大家不知如何是好时，小七星蟹将几个小朋友叫到一边，说道："它那么像球，但又不是球，还真是奇怪呢。要不还是给奇怪档案局打电话

吧。刚刚嗔鱼还扎了它一下，也不知它有没有中毒。”

于是，接到消息的七星蟹队长很快赶到了现场，给球鱼处理了伤口后，掏出档案本本，开始记录。原来，球鱼虽然也生活在海里，但因为它们没有鱼鳞和鱼鳍，所以不能自己游泳，只能随洋流运动而移动，例如前几天的那场海洋风暴，球鱼就被海水带到了操场旁的水草丛里，这才被皮皮虾兄弟发现的。

而此刻，小家伙们都围着它，听它讲以往漂流各地的经历呢。

“就是啊，因为我们没有防御技能，以前总是在睡觉的时候被人类打捞去吃掉，所以我们的数量才非常少。也难怪你们会对我陌生，谢谢你们没有伤害我，还把我当作好朋友呀！”

聂璜对球鱼这种生物也很好奇，他在《海错图》中说这种鱼的外形就像球，没有鳞片和小翅。聂璜的好朋友钱一如是一位广东人，说球鱼的味道鲜美。我们一起来看看这个神秘的生物是什么样子的吧！

出自《海错图》

蹴鞠离尘，海上浮沉。

海洋冷知识

★ 古人对球鱼的记载太少了，我们今天很难直接判定球鱼是哪一种海洋生物。但有人大胆推测海里有一种海蛞蝓（也叫海兔）喜欢卷成一个“球”来睡觉，古人看到的球鱼会不会是它们呢？

提问：球鱼有鳞片吗？

答案：没有。

四鳃鲈——谁家的鱼有四个鱼鳃啊？

四鳃鲈 海洋身份证

姓名：四鳃鲈

生活地点：产于大海，长于江河

爱好：早起晨练、吸食石霜

美好的周末又到了，小黄唇鱼如往常一般早早出门，寻找玩伴。它最常去的地方是海底城外的天然洞穴，许多小鱼儿都会在那儿捉迷藏。不同的是，今天的洞穴来了个从没见过的家伙。

它的身体光溜溜的，没有鳞片，也不像海龟和龙虾那样有甲壳。不仅如此，除了背上白色的斑点和后脑上红色的“文身”，它身上的其他部位几乎都是黑色，这使洞穴中的它看起来有些瘆人。更奇怪的是，好好一条鱼，竟然在偷偷吃石头！

小黄唇鱼不敢靠近，只好远远观察着。哪承想，那怪鱼突然回头，瞪了它一眼，吓得小黄唇鱼转身就逃，嘴里还不停地哭喊着：“妈妈，妈妈……”

名字 黄唇鱼
别名 金钱猛鱼
濒危等级 国家二级重点保护野生动物

奇怪档案局的电话响了又响，接电话的是七星蟹队长。挂断电话后，它一边准备出门，一边用钳子敲着才睡醒的脑袋，嘴里嘟囔道：“哎，海底城的怪事真是越来越多了，连周末也没办法休息。”

原来，来电的是黄唇鱼妈妈，说是小黄唇鱼在天然洞穴看到怪鱼的事，希望奇怪档案局能去看看，避免别的小鱼儿再被吓到。

只是，当七星蟹队长带着黄唇鱼母子抵达洞穴时，那条怪鱼早已不见了。

来回找了几圈后还是未见怪鱼踪影，小黄唇鱼生怕大家不信，急得原地打转，使劲解释道：“我真的、真的看见了，它就在这里吃石头。”小黄唇鱼边说着，还边学那怪鱼的样子，狠狠咬了口石头，差点把自己的牙齿崩掉。

围观的众鱼见了，顿时哈哈大笑，结果把小黄唇鱼气得当场哭出声来。

七星蟹队长呢？找不到鱼，它也没办法，只好先收队离开。

只是，接下来几天，越来越多鱼打来电话，声称见到了吃石头的黑色怪鱼，而且都是在早上，这引起了七星蟹队长的注意。

为了搞清楚情况，七星蟹队长天还未亮就躲进了天然洞穴里。就在它快要睡着时，一个小小的脑袋探出来，随后是黑色的身子，就见它来到一块石头前，对着石头“啊呜”一口“咬”了下去，只是它并没有把石头吞进肚子里，而是不停吸吮着上面的白霜。

看到这里，七星蟹队长猛地一拍脑门，有些懊恼。这种四鳃鲈去年它就见过，还是自己给登记的档案，但是这鱼每年只有几个月的时间会出现在海底城，自己也就见过一次，所以才一时没想起来。而小黄唇鱼看见的红色其实并不是文身，而是四鳃鲈的四个鱼鳃，这是它和其他鱼最不一样的地方。根据传说，其实这种鱼原本也只有两个鳃，但因为一个神仙觉得它太丑了，就偷偷给它化了妆。

说来也好笑，去年一条小四鳃鲈迷了路，把它爸妈急坏了。后来实在找不到便求助海底救援部，听说这种鱼喜欢竹签，就有队员抱着试一试的心态，将一根竹签插在石头缝里，等了几个小时，竟真将小四鳃鲈吸引了来。只是当它们发现时，小四鳃鲈早已咬紧竹签不肯撒嘴。还真是个奇怪的家伙！这大概就是所谓的愿者上钩吧？

后来，七星蟹队长装作无意，将四鳃鲈喜欢竹签的故事传了出去，大家听了都觉得四鳃鲈怪可爱的，也就慢慢地忘记那个吃石头怪物的误会啦。

聂璜在《海错图》中描述这种四鳃鲈长 25 厘米左右，头部圆润，牙齿细小，身上没有鳞片，背上的白色斑点一直延伸至尾巴。《海错图》中还重点展示了四鳃鲈“鱼鳃四叠，赤色露外”的特点，你看到图片上红色的鳃了吗？

出自《海错图》

松江之鲈，名著遐方。
但知鳃四，谁信食霜？

海洋冷知识

★ 据研究人员的分析，四鳃鲈很有可能是松江鲈。其实松江鲈并不是四个鳃。而是它们到了繁殖季节，鱼鳃盖膜上各有两条橘红色的斜带，酷似两片鳃叶，这才被古人认成“四鳃鲈”。

提问：四鳃鲈只生活在江里吗？

答案：不是，它们每年 11 月左右在海洋繁殖。

鹤鱼——虽然鹤会飞，但我会跳高！

鹤鱼 海洋身份证

姓名：鹤鱼，又叫作雈（hè）鱼

生活地点：福宁州（今福建霞浦）

特长：跳高

傍晚的海边，太阳红通通的，似要掉进海里。海蛙蹲在泥滩上，望着空中飞来飞去的小虫子，这些很有可能是它今天的晚餐。

锁定目标以后，海蛙张开大嘴，灵巧的舌头飞弹而出，粘住一只小飞虫，然后就像是弹簧一样，迅速缩回，将小虫子一口吞进肚子里。

就在它故技重施，再次伸出舌头时，却发出“呱”的一声惨叫。

这是因为它碰到了个硬茬子——鹤鱼，别看它身长仅有 20 厘米，嘴巴却占了 10 厘米。刚刚就是它用那针一样的嘴巴，狠狠地扎了下海蛙的舌头。有意思的是，鹤鱼像虫子一样飞到半空，并不是因为它有翅

名字 海蛙

别名 食蟹蛙

体内的特殊生理机构可以使它们在咸咸的海水里适应自如。

膀，而是因为它的弹跳力。

凑近看，这鹤鱼身上有着细小的鳞片，墨绿色的尾巴是分叉的，长长的嘴和鹤嘴很像，此刻这个长长的尖嘴上还挂着只小飞虫的翅膀呢。

从远处看，鹤鱼扁扁的身体又细又长，小小的圆形鳞片呈蓝绿色，看着又像昆虫家族的一员，但个头更大。

可海蛙不管这些，它现在很生气，瞪着两只大眼睛说道："喂，小家伙，刚刚假装虫子扎我一下的，是不是你？"

眼前的小鹤鱼也不服气地噘起嘴："是你先要将我吃掉的，但我可不怕你。"说着便开始展示自己的捕猎技巧。

只见它摆了摆尾巴，倏地一下跃出水面一米多高，随后一口咬住一只小飞虫，并在空中留下一道漂亮的弧线，连水花都没怎么见着就又回到了水里，那模样像极了受过专业训练的跳水运动员。

不仅如此，鹤鱼细长且带有光泽的身体，因为反射阳光，看起来就像是隐身了一样，直到钻回水里，鹤鱼才重新露出轮廓。

此刻，鹤鱼正得意扬扬地向海蛙炫耀自己抓到的小飞虫。此刻，海蛙则被惊得目瞪口呆，等它缓过神了，不住地夸赞道："你可真厉害，一下子可以跳那么高，这么小的虫子一下子就被你咬住了。"

鹤鱼更得意了，继续介绍道：“当然啊，我们鹤鱼弹跳力本来就很好。而且细长的身体又为我们减小了阻力，所以跳起来的高度和速度在海洋圈都是出了名的。”

但是每小时 60 千米的速度真是太出色了，是不是因你们的骨头和其他鱼不一样。

第二天，在海蛙的建议下，鹤鱼来到了奇怪档案局。在一番详细的自我介绍后，七星蟹队长带它做了个体检，惊奇地发现鹤鱼的骨头和鱼刺都是绿色的。一番分析后，医生得出这样的结论：鹤鱼身体里的胆绿素分泌过多，到了夜晚，身上甚至会发出绿色的光，所以骨头呈现出奇怪的绿色，但这绿色和它擅长跳跃的关系不大。

鹤鱼对这个结果却很是不满，嚷嚷道：“什么胆绿素嘛，说得好像胆子被人吓破了一样，我可是胆子很大的！”

《海错图》的作者聂璜是在福宁州的一个鱼市上见到鹤鱼的。他说这种鱼嘴巴很长，绿色的鱼尾分叉，可见聂璜对这种鱼的特点把握得很准确了，我们一起看看这种奇特的鱼长什么样吧！

出自《海错图》

白鹤入海，追踪鱼乐。

海洋冷知识

★ 一些记载会把鹤鱼说成是大虾的样子，应该都是和它们尖尖长长的有关系。

★ 根据研究人员的推测，《海错图》中的鹤鱼极有可能是颌针鱼，颌针鱼有一张特化延长的嘴，嘴里密布锋利细小的尖牙，这也是得名“颌针”的原因。颌针鱼生活在海水表层，除了本身擅长跳跃外，在受到惊吓或被光亮吸引时也会跃出水面。

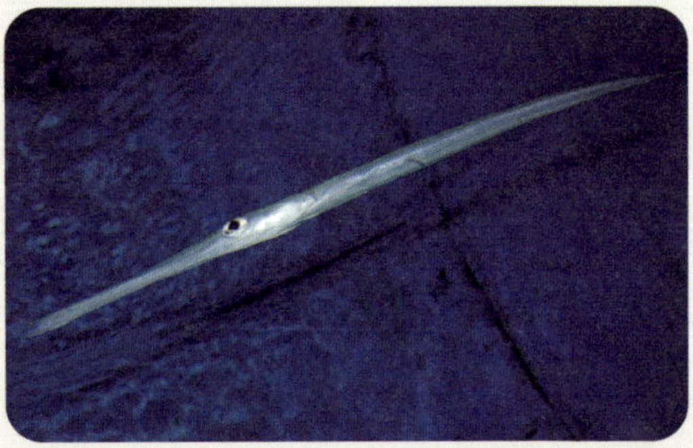

提问：鹤鱼喜欢吃什么？

答案：浮游生物和小昆虫。

空头鱼——这下子脑袋真进水了

空头鱼 海洋身份证

姓名：空头鱼

生活地点：福建沿海

绝技：脑袋击石头

“紧急救援，紧急救援，海底城外的十字路口，发生了洋流列车的碰撞，列车搭载许多海洋居民，请救护车火速赶到现场。”

救援广播不停播报着，刚上班的中华白海豚，赶忙穿戴好防护服，跟着护士们前往事故地点，救助那些乘客。要知道，洋流列车发生事故可是很严重的事情，搞不好可能会引发海底漩涡，导致许多乘客受伤。

好在这一次，救援队及时赶到，洋流列车上的乘客并没有严重受伤，也没有引发海底漩涡。截至目前，现场只有几条小鱼的鳞片脱落了，过几天就可以完全恢复。就在大家松了一口气的时候，一旁寻找受伤海洋生物的中华白海豚却大叫起来。

名字 **中华白海豚**

称号 **“水上大熊猫”**

保护等级 **国家一级重点保护野生动物**

大家转头望去，却见石头缝里还压着一条鱼，它有一个圆圆的大脑袋，眼珠滴溜溜地转来转去，看起来不大聪明的样子。此刻，它就像没有知觉一样，正一个劲儿地用脑袋敲击着石头，那声音就像和尚敲木鱼时传出的“咚咚”声。

中华白海豚发现这条鱼的身体被石头压扁了，就像是一张纸，结合事故现场来看，受伤十分严重。但奇怪的是，那条鱼竟还在那儿摇头晃脑地喝水，随着它喝进去的水越来越多，身体竟像吹气球一样膨胀起来，直到恢复正常鱼的样子。

看着大家一脸怔愣，空头鱼就知道大家肯定是因为不认识它，误会了。等到见到了赶来的七星蟹队长，激动的空头鱼才不太利索地说道：“七星蟹队长，我，我是……”

七星蟹队长笑呵呵地拍拍空头鱼的脑袋，发出硬邦邦的声音：“我知道，我知道，你是空头鱼对吧。”

紧接着，它又抱起空头鱼的脑袋，用力上下摇晃，一旁的鱼大惊失色，明明它已经很惨了，七星蟹队长怎么能这样对待它。

就在大家想要上前阻止时，空头鱼从嘴里吐出许多水泡泡，说起话来竟变得利索了许多：“谢谢你啊，七星蟹队长。刚刚吓我一大跳，不过我还是认出你来了，心想你肯定知道怎么帮我。果然，嘿嘿，还得是七星蟹队长……”

七星蟹队长也觉得好笑，伸出钳子敲了敲空头鱼的脑袋：“你这家伙，脑袋这么硬，像是块木头疙瘩，说起话来却一套一套的。”

原来，因为脑袋和肚子都是空的，导致空头鱼行动起来像是在水里滑行，因此很难控制好方向，每每行动时都像纸飞机一样，稀里糊涂地就会

撞到石头上，好在它们不会觉得痛。因为空头鱼的骨头坚硬，更没有鳞片和肉，只有一层硬鱼皮包着鱼骨。

每当这个时候，空头鱼就会稀里糊涂灌进好多水，导致说话都不利索了。但只要将脑袋里的水倒出来，空头鱼就会恢复话痨本色，说个不停。

如同此刻，空头鱼又缠上了新朋友中华白海豚，叽里咕噜地说个不停。

只有骨头和鱼皮的鱼任谁都是第一次见到吧。聂璜在《海错图》中说这种鱼腹部中空，可以装下一碗水，背部是黄黑色，腹部是白色，只有一层硬皮裹着骨头。《海错图》中这条空头鱼的形象是不是很生动呀？

出自《海错图》

有鱼头空，来自何方？

海洋冷知识

★ **除了练就铁头功的空头鱼，还有练习“金钟罩”松球鱼，是金眼鲷家族中的一员，它被称为地球上最硬的鱼。松球鱼的鳞片硬度堪比钻石，鳞片就像松球鱼的铠甲。**

提问：空头鱼为什么被压扁却没受伤？

答案：因为空头鱼只有皮和骨头，肚子是空的。

龙肠——我可不是一般的肠子

龙肠 海洋身份证

姓名： 龙肠

曾用名或别名： 海肠

特技： 朝着可疑事物喷水

奇怪档案局每月都要给海底城的奇怪动物们做登记，这样才能有足够的资料，来帮助那些不大合群的居民们。本月的这一任务，落在了刚上任的跳跳鱼副队长身上。这位副队长黑褐色的后背上挂着一些小黑点，因为身长不过 10 厘米，而且胸鳍和尾鳍末端都是发达的肌肉，只要这两个部位相互配合，就可以让自己腾空而起，跳出几厘米高。

跳跳鱼副队长非常适应海边滩涂上的生活。此刻，它正沿着自己负责的海边滩涂，寻找奇怪生物们。七星蟹队长被甩在身后，望着它一蹦一跳的模样很是欣慰。

只是，七星蟹队长刚要夸赞跳跳鱼副队长，就见它对着湿漉漉的沙地，摆出一副准备战斗的姿态，嘴里还喊着：“快看，有蚯蚓！”

一只将半截身子埋进泥泞里的龙肠此刻还不知道将要发生什么。这龙肠呈红黄色，和蚯蚓并不一样，它的身上没有一节一节的花纹，而是光滑且黏黏的。

新来的跳跳鱼可不认识什么龙肠，只当对方真是只蚯蚓，那可是自己最喜欢的食物。

于是，没等七星蟹队长起来，跳跳鱼就高高跳起，随后直直地向下俯冲，以为自己会像以往那样，直接咬住对方，并取得胜利。结果，它的准备动作被龙肠看在眼里，就见它扭动了一下，将身体的一端完全露了出来，随后从身上的小孔中喷出一股水，不偏不倚地打在跳跳鱼的脑袋上，使其从半空中摔了下来。

这一切来得太突然，跳跳鱼甚至没弄明白刚刚发生了什么，又见对方露出的身体比自己大了好几倍，一时不知该如何反击。

就在这时，七星蟹队长气喘吁吁地跑了过来：“住手，你们在干什么。”

跳跳鱼却像看到救星一样，大喊道：“快来帮我，这个大蚯蚓还挺难对付的，但一定很美味。”

七星蟹队长生气地说道：“什么蚯蚓，这是龙肠，我们要拜访的老先生。”紧接着又对龙肠说道：“不好意思，龙肠先生，这是新来的跳跳鱼副队长，它把您当成蚯蚓了。”

跳跳鱼一头雾水，但还是仔细打量起

来。这才发现，对方确实长得和蚯蚓不太一样，这个号称“龙肠”的生物，红黄色的身体非常松弛，身体两端呈圆锥形状，头部小孔正是刚刚喷水的部位。

于是它红着脸道歉：“刚刚把您当作蚯蚓，真的很抱歉呢。”

龙肠则笑呵呵地扭动身子，并不计较它刚才的冒失行为。

七星蟹队长见气氛缓和了，赶紧取出档案，请龙肠先生签了字。这龙肠的身体结构其实很简单，仅有一层皮包裹着内脏，且不会说话，就连签字也是打个滚，在纸上印下自己的痕迹，而且龙肠家族成员数量已经越来越少，被奇怪档案局列为重点保护的海洋居民。

回去的路上，为了避免跳跳鱼副队长再犯同样的错误，七星蟹队长为其补了一堂课：除了龙肠先生，还有位居民也像蚯蚓，你可千万别又认错了，它的皮肤白里透红，圆滚滚的身上长着细小的花纹，是沙虫……

聂璜在《海错图》中说：龙肠长达数寸，为红黄色，常躲在泥土里，就像蚯蚓一样。画中的龙肠是不是很传神呢。

肝可珍取，肠弃海东。

出自《海错图》

海洋冷知识

★ 有三个家伙虽然来自南北不同地方，却长得十分相近，它们就是可口革囊星虫，也就是美食土笋冻中的“土笋”；俗名沙虫的方格星虫；还有美食海肠捞饭中的海肠，学名单环刺螠（yì）。

提问：跳跳鱼副队长为什么向龙肠发动攻击？

答案：将龙肠误认成蚯蚓。

鲎——跨越千年的爱情

鲎 海洋身份证

姓名：鲎（hòu）

曾用名或别名：鲎腹、马蹄蟹

爱好：和老伴儿一起旅行

“喂，你好，这里是奇怪档案局……”

七星蟹队长还没睡醒，就接到了警察局的电话。原来是一只奇怪的生物，想要寻找自己的老伴儿。奇怪的是，这位求助者说自己已经一千八百多岁了。要知道，鱼的寿命只有十几年，活到一千八百多岁，那不就是怪物嘛！

名字 **野生大黄鱼**
濒危等级 **极危**

待七星蟹队长赶到时，值班室只剩端着一杯水的大黄鱼警员，手足无措地陪在一只甲虫身边。说是甲虫，主要因为它浑身都是坚硬的甲壳，光滑的后背微微隆起，全身长着四只眼睛，两只单眼皮，两只双眼皮。不仅如此，它的嘴也长在肚子下边，被十二条腿紧紧围着。总之，就是一个很奇怪的家伙。

看见七星蟹队长，大黄鱼警员悄悄说：“您看看这是不是您的亲戚啊，我看长得和螃蟹很像，但又不是螃蟹，像是个大虫子。”

对方呢？看到七星蟹队长，“螃蟹”又哭起来了：“您可要帮帮我，我和老伴儿想去奇怪档案局登记，结果路上走散了。”

七星蟹队长听了，赶紧递过一张纸巾：“您别急，我就是奇怪档案局的七星蟹，但我怎么没在档案里见过您呢……”

老奶奶擦擦眼泪道：“我们鲎，祖上在四亿五千多年前，就住这里了，那时候还没有什么海底城呢。上次登记的时候，奇怪档案局的局长还是气象局的神龙呢。”

七星蟹队长点点头：“原来是以前神龙口中的鲎奶奶，我说呢，那您应该认识寿星章鱼它们吧。”

鲎奶奶却没空闲聊，一个劲儿地哭诉：“这可怎么办呀？我那老头子不见啦！人类说我们的蓝色血液有很高的药用价值，这老头子要是被人类给抓走了，肯定要被大卸八块，然后给吃掉……”

七星蟹队长见状，赶紧一边安慰，一边让手下去档案室翻找有关鲎的资料，最终根据鲎奶奶的描述，给鲎爷爷画了一张“寻鱼启事”，并且在上面特意标注了一句话：通常鲎只有二三十厘米，体重 3 千克到 5 千克，但因为鲎爷爷活得久，所以身长有 60 厘米，体重将近 10 千克。

只是，寻鱼启事还来不及贴，鲎爷爷就根据鲎奶奶留下的记号自己找回来了。鲎爷爷满脸幸福地说：“从我们结为夫妻开始，就形影不离，这老太太离开我一会儿就着急。”

随后两只鲎耳语了几句，鲎奶奶突然生气地大喊道：“什么？你又跑去献血啦？”

聂璜在《海错图》中说鲎是海中的介虫，脚藏在肚子下面。雄鲎和雌鲎总是成对出现，每当海上刮起南风，它们就会出现。让我们一起来看看古人眼中的鲎是什么样子的吧！

背刚腹柔，形如缺缶。

出自《海错图》

海洋冷知识

- ★ 鲎的血液之所以是蓝色的，是因为血液中运输氧气的血蓝蛋白中含有铜离子，铜氧化后会变蓝。
- ★ 鲎的蓝色血液拥有一个强大的先天免疫防御体系，不仅可以起到抗菌、抗病毒的作用，甚至能抑制肿瘤细胞生长、诱导癌细胞分化。

提问：鲎所在的剑尾目已经在地球上存在多少年了？

答案：4.5亿年。

顶甲鱼——我只是想偷个懒

顶甲鱼 海洋身份证

姓名： 顶甲鱼

曾用名或别名： 鲫鱼

生活地点： 福宁州（今福建霞浦）

爱好： 搭“便车”旅行

这天，七星蟹队长拎着小礼物，到海底医院看望脑袋又进水的空头鱼。只是刚到医院门口，就听见一阵阵哀嚎。

“哎哟！哎哟！我好难受呀！”

循着声音望去，看到一条小须鲸，目测起码有 6 米多长，正使劲往医院的门内挤，看起来就像一只大象在钻老鼠洞，十分滑稽。

小须鲸哭丧着脸喊道：“医生，医生，我的肚子好难受啊！”

名字 小须鲸

别名 尖头鲸、小鰛（wēn）鲸

喜欢独来独往，以鱼类和磷虾为食。

值班医生听到后慌忙跑出来，问道：“是不是吃坏肚子了？上两周你就因为吃东西太大口，吃得又多，导致胃胀，这次不会又贪吃了吧？”

听了这话，小须鲸一脸委屈，说道：“才没呢，最近我可小心了。这次莫名其妙的，肚子越来越沉，像是坠了个铅球。”

听到这里，七星蟹队长好像想到什么一样，摇了摇头，走到小须鲸的肚子边上，敲了敲小须鲸的肚子，说道：“乘客您好，您搭乘的小须鲸号便车已到站，请乘客顶甲鱼带好行李，准备下车。”

不一会儿，小须鲸的肚子下面，露出了一条鱼。

这条鱼可真是奇怪，身体长长的，棕褐色的身体，红色的鱼鳍和尾巴，头中央有一块凹陷的方形骨甲，骨甲上还有棱，棱间排列着骨刺，看起来像个吸盘，十分奇特。

七星蟹队长没好气地敲了敲顶甲鱼的吸盘：“你是不是又在别人不知道的情况下，偷偷搭‘便车’了？”

果然，待这条长着吸盘的鱼与小须鲸的肚皮完全脱离后，小须鲸明显舒服多了，长喘一口气道：“好舒服！肚子感觉没那么沉重了。”

七星蟹队长一把拽过顶甲鱼，对小须鲸说：“就是这家伙让你的肚子变沉的。”

小须鲸盯着顶甲鱼，疑惑问道：“可是这家伙这么小一只，就算粘在我身上，我也应该不会感觉这么难受呀，怎么会越来越沉呢？”

看着对方的眼睛，顶甲鱼突然有些不好意思，说道：“因为我嘴馋，粘在你身上的时候，饿了就张着嘴巴，等各种食物送上嘴了。”

怎么会有鱼不仅贪吃，而且还爱搭便车呢？小须鲸还从未见过这么懒的小鱼。

气氛有点尴尬，七星蟹队长又补充道："小须鲸你也别太生气，虽然这家伙喜欢偷偷搭便车，它们也会帮忙吃掉一些你们身上的寄生虫。"随后它顿了顿，见小须鲸就要感谢顶甲鱼，于是又拦了下来，说道："但你也不用谢它，顶甲鱼聪明着呢，不仅会粘着你，让你带着它到处旅行，还会跟着你蹭吃蹭喝，长到 5 千克都很正常！所以你才觉得重。"

小须鲸一听，怪不得自己最近都吃不饱，原来自己吃的东西竟然被这家伙偷吃了，顿时气不打一处来，追着想要溜的顶甲鱼，打算揍它，顶甲鱼这时可不懒了，赶紧逃跑。

七星蟹队长看着远处越来越小的顶甲鱼的身影，无奈地摇了摇头："看来这次教训够深刻了。"

聂璜在《海错图》中说这种顶甲鱼生活在福州海域，头上的吸盘是其显著的特点。

头生方顶，有骨隐隐。
活能吸石，如有所馈。

出自《海错图》

海洋冷知识

★ 在我们今天的生活中，有一种叫吸盘鱼的，也叫鲫鱼的家伙，和顶甲鱼非常相像。它们的背鳍就像一个吸盘，借大气和水的压力，牢牢吸附在大鱼身上。在大海中乘船旅行，不仅省力，还能狐假虎威地躲过天敌侵害，有时还能收获一些大鱼捕食后的食物残渣，可谓一举多得。

据说，印第安人有一种特殊的钓鱼技术，就是利用鲫鱼吸附在别的鱼身上的特点，先抓住鲫鱼，再将其他鱼拖回岸上。

提问：顶甲鱼是怎么偷懒的？

答案：用头顶的吸盘将自己粘在其他鱼的身上。

泥刺——路过沙滩，小心脚下

泥刺 海洋身份证

姓名： 泥刺

生活环境： 福建海滩

爱好： 趴在湿润的滩涂上伸展身体和晒太阳

刚下过雨的海滩上，到处都是湿漉漉的，就像一个巨大的松软的巧克力蛋糕。

不过，这样的天气才是跳跳鱼副队长最喜欢的，因为很多小动物都会在这时出来透透气，正好可以和它们打个招呼。

只是，正当快乐的跳跳鱼在那儿跳来跳去时，泥刺先生却悄悄地从土里探出头来，和它开了个小玩笑。就见它伸出一条“腿”，轻轻地一勾，把全神贯注的跳跳鱼给绊了一跤。

“哎呀！”跳跳鱼惊呼一声，以为自己碰上了蚯蚓或者之前认识的龙肠先生什么的。然而，当它翻过身来时，却发现周围除了泥巴外，什么都没有。

好奇心驱使着它低头寻找答案，很快，它注意到了一个湿漉漉且滑

溜溜的东西，正试图藏匿于淤泥之中，这东西正是泥刺先生的触手！只见触手翻了个面，还冲它打了一个招呼。

跳跳鱼好奇地用鱼鳍拨弄一下，凉凉的，但是下一秒鱼鳍就像是被针扎了一样，疼得它惊叫起来：“哎呀，这怎么还有刺啊？”

与此同时，它心有余悸地跳到一边，警惕地观察着刚刚让它尝到“惊喜”的触手。只见那触手缓缓弯曲，似乎在沙地里寻找着什么。过了一会儿，一个圆溜溜的脑袋从沙地里探了出来，那模样看起来甚至有些滑稽。

跳跳鱼看着眼前这奇特的生物：它的椭圆形脑袋相对于那条触手来说非常大，看起来有些不协调。泥刺先生似乎也注意到了跳跳鱼的疑惑，它有些不好意思地说道：“不好意思啊，我是泥刺，想和你开个玩笑，不小心扎到你了？”

跳跳鱼疑惑：“可你手上也没刺呀，我是怎么被扎的？”

原来，泥刺先生的触手上有一层白白的膜，膜下才是那一根根的刺。跳跳鱼瞪大了眼睛，盯着眼前这个刚刚捉弄自己的家伙，心里暗自嘀咕：这生物长得可真够独特，说它是章鱼吧，触手和身体小了点；说它不是章鱼吧，那软软的身体和大脑袋分明是章鱼。

泥刺先生并不知道跳跳鱼此时想了些什么，只是慢悠悠地把身体从滩涂里拔出来，缓缓说道：“你生气了吗？非常抱歉，不不，我不是故意让你摔跤的，哎呀，我只是想和你交朋友，我也不是故意刺到你的。”

此刻，思考的跳跳鱼却兴奋地蹦了起来，激动地说道：“我知道了，你就是奇怪档案局里的大明星！七星蟹队长正在找你呢。”

泥刺则笑了笑：“你可千万别把我和章鱼搞混了，虽然我们是亲戚，但我的触手比较短，还带刺，而且我喜欢晒太阳，它可不喜欢。”

两个新朋友就这样你一言我一语地畅谈起来。

直到天黑，它们才从滩涂分别，各自回家。“真是个爱晒太阳的家伙呢！”跳跳鱼一边想着，一边将泥刺拉入了每周晒太阳的聊天讨论组里。

泥中有刺，亦不可道。

聂璜在《海错图》中记载泥刺的篇幅很短。他说：“泥刺，大头，足软，肉可食。其生刺处有膜，不堪食。”根据《海错图》中的表述，泥刺的外形确实和章鱼很像，我们一起看看古人眼中的泥刺是什么样的吧！

出自《海错图》

海洋冷知识

★ **有一种叫短蛸的小型章鱼和《海错图》中的泥刺很像。它们喜欢生活在沙砾底质或软泥底质的浅海，这些家伙的腕足很短，且腕足上有很多小吸盘，看上去真像小刺呀。**

提问：泥刺的刺在哪里？

答案：泥刺的触手有一层薄膜，刺就藏在薄膜底下。

海魟钉——我是长长的海洋钉子

海魟钉 海洋身份证

姓名：海魟钉

出生时间：冬天

生活地点：浙江沿海

爱好：躲在黑暗的地方

波纹唇鱼，身长可达 2.5 米，体重能达到 190 多千克，如今是海底环保组织的重要成员，它最擅长的就是清扫人类留在海底的沉船，那里黑漆漆的，如同鬼屋一样，除了波纹唇鱼，别的鱼都不太敢去。

海底城外围，许多船的“遗骸”静静地躺着，给一些淘气且胆子大的小鱼儿提供了一个探险乐园。周末的时候，它们提议到这里玩冒险游戏。游戏的过程中，一条小鱼发现了一艘奇怪的船，于是它们回来就把这个消息告诉了波纹唇鱼。“这艘沉船，起码有几百年了。”波纹唇鱼自顾自地说道。

名字 波纹唇鱼

别名 苏眉鱼

波纹唇鱼面部有独特花纹，如同人类指纹一样。

沉船上的木板已经被海水泡烂，只剩下黑色的骨架，向船舱里望去，里面黑洞洞的，连波纹唇鱼也有些害怕，但它还是壮着胆子，捡起地上闪闪发亮的钉子和罐头瓶，往包里装。因为这些东西对海洋生态的破坏可不小。

波纹唇鱼自顾自地捡着垃圾，却摸到了一个奇怪的东西，它看起来像一个钉子，但又比普通的钉子大很多，摸起来又细又长，奇怪的是，这枚钉子尾部，好像还有一点分岔。

没等波纹唇鱼仔细研究，眼前的钉子突然动了起来，一双闪闪发亮的眼睛一眨一眨地看着波纹唇鱼，吓得波纹唇鱼书包也顾不上拿，噌的一下躲进船舱里。“什么东西发亮晃了我一下？难道是碰上了什么危险怪物？我记得，这一带好像有海怪！我不会要被吃了吧？”波纹唇鱼正想着，那双大眼睛却又出现在了它的面前，吓得波纹唇鱼“嗷”一声晕了过去。

待波纹唇鱼醒来，眼前出现的是七星蟹队长，还有只钉子一样的家伙。

七星蟹队长见波纹唇鱼醒了，这才转头对那钉子说道：“不是我说啊，海舡钉兄弟，你怎么就喜欢挑黑乎乎的地方睡觉啊，这可是这个月被吓到的第七位市民了哦。”

波纹唇鱼见七星蟹也在，便放松警惕，开始打量起对方来。只见海魟钉通体漆黑，肚皮却格外的白，身材修长，真是鱼如其名，看起来真像个钉子。它游起来的姿势颇为怪异，就像是漂浮在水中一样，难道就是这家伙把我吓晕的。

此时，海魟钉也有点惭愧，断断续续地说道："我也知道，我长得不好看，甚至有点可怕，所以才搬到沉船里的嘛。结果忘了我的眼睛一到暗处就显得特别亮，吓到大家了。"

七星蟹无奈地叹了口气，突然灵光一闪，说道："有没有考虑过发挥你这个特性？"

海魟钉一愣，问道："什么意思？"

七星蟹则神秘一笑，说道："这不正好有一些小鱼喜欢探险嘛，海底游乐园打算开一个试胆屋，你可以在里面好好吓唬吓唬它们。这么一来你也多些机会和大家相处，不用隐居沉船了。"

一边的波纹唇鱼，听得脑袋狂点，表示在吓唬其他生物这方面，海魟钉确实厉害。

《海错图》中记载，这种叫作海舡钉的鱼生活在浙江宁波海域，通体青色，两只眼睛在黑暗的地方会闪闪发光，我们一起来看看《海错图》里“会发光的钉子”长什么样子吧！

色青，身圆而肥，直如钉。

出自《海错图》

海洋冷知识

★ 有一种叫作灯颊鲷的家伙，眼部下缘有一种奇特的构造，远远看上去，就像是发着蓝光的小灯泡。灯颊鲷白天喜欢躲藏在礁石之中，在没有月光的夜晚则十分活跃，成群寻找食物，灯颊鲷眼部下缘构造的光线不仅让它看上去很“酷”，还能帮它寻找海里浮游生物，是不是很棒呢！

提问：即将入驻海底试胆屋的神秘嘉宾是哪位？

答案：海舡钉。

剧场八

海洋心理辅导室

锦魟——我不是怪物

锦魟 海洋身份证

姓名：锦魟（hóng）

性格特点：不够自信

生活地点：福建海域

爱好：练习后空翻、跨栏

为了更好地帮助海洋里的居民，海底城一处居委会开办了一家海洋心理辅导室，这还没正式开业呢，就迎来了一条求助的鱼。

这天早晨，负责值班的鮟鱇鱼刚刚泡上咖啡，窗外的世界却缓缓黑了下来，鮟鱇鱼擦了擦眼睛，心中感慨道：这就天黑了啊，下班下班！然后就打开值班室大门，游了出去。

名字 鮟鱇（ān kāng）鱼
别名 灯笼鱼
头顶有个灯笼状的发光器。

随后，一声尖叫传来！

“哎哟，什么东西？吓我一跳！”只见一个影子“嗖”地一下从鮟鱇鱼面前闪过。鮟鱇鱼心想：什么东西这么吓人？虽然心里很害怕，但还是在好奇心的驱使下壮着胆子追了上去，毕竟它头上自带一盏夜灯嘛，鮟鱇鱼对着黑漆漆的海底大喊道：“出来吧！我胆子可大了！”

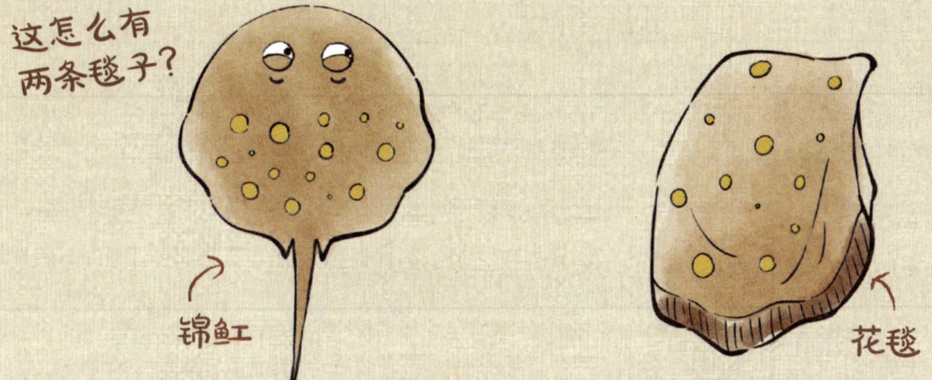

前方一片静寂，过了好长一段时间，一个身影缓缓露出头来，借着头上明晃晃的灯泡，鮟鱇鱼这才看清来访者的样子：它像一条巨大的圆形花毯，又像幽灵一样漂浮在水里，后背上的花纹和斑块看起来又硬又粗糙。就见对方嘬着嘴，委屈巴巴地解释：“不好意思，我不是故意吓唬你的……”

鮟鱇鱼见了，赶紧说：“不会不会，我知道你是锦魟，没关系的，我也属于很不上相的一类。”说完还做了一个鬼脸。

锦魟被鮟鱇鱼的鬼脸吓得颤抖了下，接着又叹了口气，说：“你可真乐观，我就不行了，每到一个地方就把大家吓一跳，我都快抑郁了……”

见它一副垂头丧气的样子，鮟鱇鱼一下就明白了，一把抓着锦魟进了屋：“你是来寻求帮助的吗？谢谢你这么信任我们呢。”

锦魟小心翼翼地坐下：“这里是不是明天才开业啊，我会不会打扰到你休息？”

鮟鱇鱼坐在对面：“当然不会啦，我们很高兴为需要帮助的鱼提供服务。你是遇到什么问题了吗？”

沉默了一会儿，锦魟有些难为情地说道：“其实，我真的很想和其他鱼交朋友，但是它们都不喜欢我，因为它们说我看起来很奇怪。”

鮟鱇鱼默默听着锦魟诉说着它的困扰，并没有急着回应。

说起来，锦魟的长相确实与众不同，身体又扁又平，还很柔软，嘴巴长在肚皮上，眼睛却长在后背上，而后背的花纹虽然很漂亮，却没有鱼鳞，如果你认真看，甚至还会发现，它细长的尾巴上似乎还带着一根针。

锦魟见鲛鳒鱼不说话，一直静静地望着自己，有些不安地说道：“你是在看我的尾巴吗？那根针一样的东西，生来就在我屁股后头，害得我练后空翻的时候，经常扎到脑袋，所以我也很苦恼呢。”

听锦魟自顾自地说了一大堆，鲛鳒鱼认为锦魟不够自信，鲛鳒鱼眼珠子转呀转，很快想到了办法，于是说道：“不是这样的，你的‘好鱼好事’我早知道了，你们很优秀，应当自信些。”

锦魟露出一脸诧异的表情，问道：“我？好鱼好事？”

“不信你看。”鲛鳒鱼边说边翻出一本杂志，递给锦魟。

那是一个天气晴朗的早晨，海水拍打着礁石，鱼儿们游来游去很是欢快，一张由人类编织的大网从海面沉了下来，吓得鱼儿们四处逃散，可是大网仿佛长了眼睛一般，快速地朝鱼儿逃跑的方向扑去。

就在这千钧一发之际，一条“大花毯”突然出现，挡在了众鱼面前，并让小鱼儿都爬到它的背上坐稳。随后，只见它奋力一跃，就像会飞一样，带着一群小鱼儿越过了那张大大的渔网，并快速离开渔网附近的区域。

那晚以后，海底世界不仅多了一条出名的锦魟，还多了一家备受好评的救助站，站名叫作：飞毯——拯救小鱼，专门解救被渔网困住的小鱼，站长锦魟就像一位勇敢的大侠，每天在海底世界来回穿梭，不时背着其他小鱼，“嗖”一下就跃过渔网，逃离危险。

又过了段时间，锦魟凭借着“飞毯——拯救小鱼”救助站，在“海底最美站长”的评选中名列前茅，再度登上了“海底年度之最”栏目。

"海底年度之最"栏目"最帅一跃"！

锦魟默默将有关自己的报道看完，不好意思地挠挠头："嘿嘿，我只是做了我喜欢做的。"

此时，鲛鳒鱼才耐心地开导道："但是大家都很感激你，想要谢谢你呢。不如就趁这个机会，主动出击，大大方方地和其他海洋生物交朋友！自信起来！"

锦魟用力点点头："谢谢你，我，我，我去试试……"

锦虹长得究竟有多像一条毛毯，可能你看看《海错图》中它的样子就明白了。

出自《海错图》

虹飞月下，
衣锦夜行。

海洋冷知识

★ 身上有花纹，尾部带钩刺，《海错图》中的锦虹是不是很像花点虹呀！花点虹是大型虹鱼之一，它们常常将身体埋在沙中，仅露出两眼和呼吸孔，伺机捕食，它们的尾刺有毒腺，是一种危险的海洋生物。

提问：锦虹的好鱼好事是什么？

答案：利用自己的身体，帮助小鱼们脱离危险。

七麟龟——老年的烦恼

七麟龟 海洋身份证

姓名：七麟龟

年龄：上亿岁

生活地点：浅海

技能：熟知海洋历史知识

今天是个好日子，海洋心理辅导室的各位，正在迎接一位重要来客。资历最老的鹦鹉螺开足了马力，一边跑向门口，一边说道：“哟，是什么风把大爷您给吹来了？”

说着，还不忘招呼小虾米们干活：“快去！给七麟龟爷爷准备点心。”

随后，椭圆形的七麟龟缓缓迈进屋里，只见它后背顶着一层套膜，最外面是七片绿色的甲片，周围布满密密麻麻的小刺，就像是一只甲壳虫，移动的时候一曲一伸的，十分有趣。不仅如此，它的背甲下是淡绿色的粗皮组织，与中国传统服饰中的“裙裾”十分相似，显得分外古朴。

名字 鹦鹉螺

保护等级 国家一级重点保护野生动物

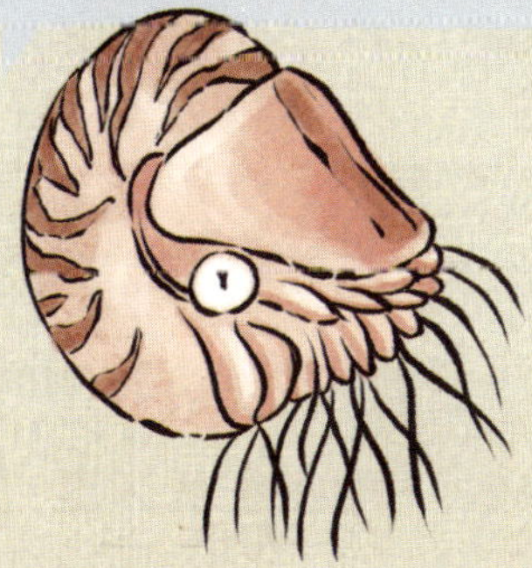

鹦鹉螺热情地上前，说道：“大爷，您是来这里参观来啦？您看，我们这里手续都是合法合规，安全设施也到位……”

七麟龟也不回应，一脸忧郁地爬上桌面，这才看向鹦鹉螺，说：“咳咳，你这晚辈好生聒噪，我不是来参观的，我是来解决心理问题的！”

“咦——”

在大家的讶异中，七麟龟缓缓说道：“唉，不知道什么时候起，身边年轻的海洋生物都说着奇怪的话，想要和它们聊聊天，可是我又不懂它们在说什么。”

“唉——”

一声长长的叹息响起，鹦鹉螺也跟着忧郁起来。它和七麟龟一样，和年轻的小鱼们有着不小的年龄差距。据它所知，这叫——代沟。

想着想着，鹦鹉螺摇晃着自己的壳，移动到七麟龟的身边，说：“谁说不是呢？我也上年纪了，它们年轻小鱼小虾说的话，我也经常听不懂。这些年体力也不行啦，家里买的房子在十六楼，每回游上去要喘半天呢，到了家里，也没个小辈跟我聊聊天，感觉自己怪可怜的。”

七麟龟听了，仿佛从鹦鹉螺的遭遇中得到了一些心理安慰，说道：“哈哈，那你要多多锻炼了。看我，到现在体力还好得很呢。海底城外的那块礁石，我每天早上都可以爬一次，到上面美美地看日出。”

鹦鹉螺将水草泡的茶递给七鳞龟，说道：“您这不是比我强多了吗？还有啥想不开呀！”

七鳞龟沉默了一会儿，用嘴喝了一口水草茶，这才说道：“我在意的是这个吗？我是觉得，现在的小家伙们，要么长得光鲜亮丽，要么就是身怀绝技。再看看我，除了活得长，还有什么用？”

鹦鹉螺挠了挠脑袋，似乎是被问住了。

原来，在经历了漫长的进化，生物们的器官都经历了巨大的改变，和七鳞龟同一个时代的物种几乎都灭绝了，唯剩七鳞龟，完完整整地保留了远古的特征，一直活到现在。

就这样，大家陷入了沉默，只能听到七鳞龟与鹦鹉螺时不时叹气的声音。

突然，争论的声音响起。

“走！去问问七鳞龟爷爷。”

“去就去，肯定是我说得对！”

大家朝门口看去，原来是一只小螃蟹和一只小虾吵得正欢。它们来到七鳞龟面前，说道：“爷爷，您说，传说陆地上那个厉害的孙猴子到龙宫里闹的时候，是螃蟹厉害，还是虾厉害？”

七鳞龟一愣，接着又笑道：“你们都厉害，都厉害，当时能被龙王选去的，能有不厉害的嘛！”

就见小螃蟹和小虾对视了一眼，同时说道：“原来我们祖上都有真功夫！”随后又开心地钳子牵着钳子离开了。

虾兵蟹将

神话传说中龙王的兵将，现用来比喻不中用的兵将。

鹦鹉螺见状，赶紧趁热打铁道：“您看，没有您，它们还要接着吵呢。”

七麟龟仿佛茅塞顿开，绕着桌面爬了一圈，开心地对鹦鹉螺说道：“嘿，你说，老夫去海洋大学挂个历史教授如何？”

鹦鹉螺咧嘴一笑：“好好好，那我也去挂一个！”

《海错图》中记载，七麟龟生长在小岛沙石之间，背部甲壳由七枚绿色鳞片连接，可自由弯曲伸展，下身有裙摆一样的组织。这样的七麟龟是不是又像龟又像昆虫呢？

九孔八足，遍知螺蟹。七麟名龟，独称闽海。

出自《海错图》

海洋冷知识

★ 一些学者认为，《海错图》中的七鳞龟可能是一种叫作石鳖的生物。大部分石鳖都有八块背板，背板周围有一圈角质化的环带，石鳖是寒武纪生命大爆发的产物，经历了几亿年岁月的洗礼，仍活跃在广袤的海洋之中。

提问：七鳞龟的心理问题是什么？

答案：觉得自己活了那么久，却没有进化出新的东西。

划腮鱼——嘴大吃四方的苦恼

划腮鱼 海洋身份证

姓名：划腮鱼

曾用名或别名：阔嘴鱼

特长：捕虾

“我最近很苦恼，我已经减肥失败第 76 回了。”

“最近吃东西我都很克制了，可中午 12 点吃的，下午 2 点就饿了。海豹先生，我是不是没救了？”

划腮鱼痛哭流涕，对着今天值班的心理辅导员海豹说道。

海豹赶紧安慰道：“没事了没事了，减肥要慢慢来嘛！”

划腮鱼的情况确实特殊，它的眼睛小小的，下巴长得比上颌还要突出，一排坚硬的牙齿，就像人类的“地包天”一样。当它张嘴时，原本就不小的嘴巴显得更大了，几乎可以咧到耳朵根。看起来，好像能一口吞下比自己体积还要大许多的食物。不仅如此，划腮鱼没有鳞片，青色的后背和白色的肚皮上布满了黑灰色的斑点，并且十分光滑。它的尾巴圆圆的，身体短短胖胖的，看起来有点像河鲀，但是吃的东西可比河鲀多得多。

此时，划腮鱼正哇哇大哭道："我真的好饿啊，为什么减肥这么难，不能吃东西的感觉，真的好难受啊。"

为了安抚划腮鱼，海豹拿出一罐海草说道："要不吃点？素的吃不胖的，这可是之前一只小海龟送我的，放了好久我都舍不得吃。"

划腮鱼摇了摇头说道："不了，我一般吃些小鱼小虾，不喜欢吃这种绿油油的东西。"

听到这里，海豹想要继续多了解一些划腮鱼的生活习惯，于是问道："那你平时运动吗？"

划腮鱼摇摇头："运动吗？根本用不着。每次都是小鱼小虾自己往我嘴里蹦呢。"

海豹听完，疑惑地问道："既然不运动，为什么会饿得快呢？要不检查一下？"

于是，海豹带着划腮鱼到海底医院做了个全身检查。检查发现，划腮鱼的身体构造和其他鱼不太一样，他有一个巨大的胃袋，几乎占据了身体的全部。虽然它只要躲在水草丛里深吸一口气，就能够把路过的小鱼小虾和海水一股脑

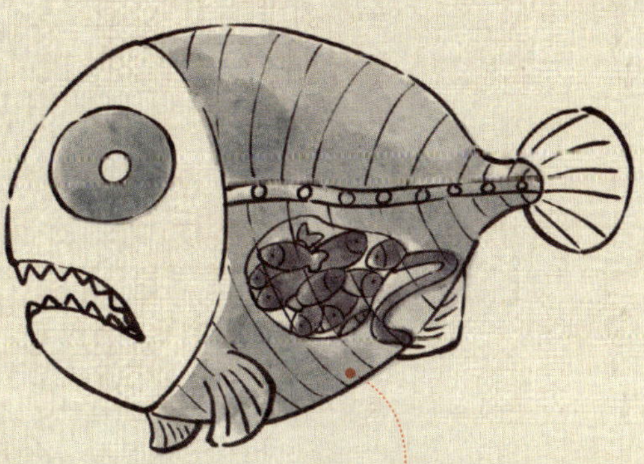

儿吸进肚子里，并装满整个胃袋，但因为它的肠子很短，往往进食时又吸入大量海水，消化就来得简单且快速，导致食物中的能量来不及分解，便被稀里糊涂地排出体外了。

正当大家为划腮鱼奇特的身体构造感到疑惑时，医生已经对划腮鱼的体质和饮食习惯深入分析，并为它制定了一个详尽的日常计划。这个计划包括了每餐各种小鱼、小虾和水草摄入量，确保划腮鱼能够摄取到均衡的营养，并要求划腮鱼每天绕着海底城游 10 圈。它还告诉划腮鱼，要想健康地减肥，必须遵循“三分练七分吃”原则，否则很难成功。

此后，划腮鱼按照医生的建议，坚持健康饮食，并且每天在水中享受游泳的乐趣。不久后，它惊喜地发现自己的体重减轻了一点。那些曾经让它烦恼的饥饿感和减肥难题，也随着体重的减轻迎刃而解。

然而，为了庆祝减肥成功，划腮鱼又躲回了它最喜欢的水草丛，美美地饱餐了一顿。结果，由于过度放纵自己，它的体重又重新回到了原来的重量。

《海错图》中记载，划腮鱼的嘴巴闭合起来很小，张开后很大，下颌隐藏在上嘴唇下面，所以会有“地包天”的感觉，古人将划腮鱼的特征传神地记录了下来，这划腮鱼看上去是不是有几分像河豚呢？

肚大口阔，何来不获？

出自《海错图》

海洋冷知识

★ 有一种叫作宽咽鱼的家伙，它有一张比自己身体还要大的嘴巴，凭借着巨大的嘴巴，一次可以吞食大量海水，将浮游生物、小鱼小虾等微小生物一并吸入，这进食能力一点不输我们故事中的划腮鱼呀！

提问：划腮鱼无法减重成功的原因是什么？

答案：不爱运动，不爱吃水草，只爱吃肉。

石笼箱——健康就是财富

石笼箱 海洋身份证

姓名：石笼箱

生活地点：福宁州（今福建霞浦）沿海的岩石上

爱好：爬坡锻炼

新的一天开始了，心理辅导室的大门缓缓敞开，负责值班的中华鲟推开门游了出来，只见大门旁边堆放着几个小箱子。这些箱子小小的，仔细看，上面还有竹笼形状的纹理。

中华鲟想：可能是其他做生意的鱼，随手把它们丢在这儿了吧。

一直到中午的时候，还是没有海洋生物将它们取走，中华鲟只好自己动手，“嘿咻嘿咻”地喊着口号给自己鼓劲儿，把这些箱子搬到其他地方去。

正搬着呢，一个小箱子突然动了一下，中华鲟吓得把小箱子甩了出去。与此同时，箱子发出一声惨叫。

中华鲟赶紧起身查看，心说：不会是有鱼困在里面了吧？于是用力晃了晃小箱子。

没承想，小箱子竟然从中间打开了，里面露出白白嫩嫩的肉来。中华鲟见了，又一哆嗦，颤颤巍巍地说："完了完了，给摇散架了！"

这时，中华鲟才发现小箱子露出里面白白的肉后，更像一个贝类生物，小箱子开口说话了："哎呀，都这么晚了，真是不好意思，吓到你了，请问这里是心理辅导室吗？"

中华鲟见状，尴尬地笑了笑，说道："咳咳，是的，我是今天值班的中华鲟，有什么需要帮助的吗？"

于是，小箱子用低沉的嗓音说："我是石笼箱，昨天晚上就来了，但是不敢进去……哎！你干吗？"

说时迟，那时快，说话的工夫中华鲟就将石笼箱搬进屋里，喘了口气，说道："好啦，现在可以说说看啦。"

石笼箱这又才微微打开一条缝向外看，并吐露自己的心声："其实，我觉得自己很没用。你看珠蚌，它能将沙子变成珍珠！再看看巨蚶，光是外壳就长得很好看，还有各种各样的贝壳，也都各有特色……但是只有我什么都不会。"

中华鲟看着扇动外壳的石笼箱，它的形状很像个小箱子，上面有竹笼的花纹，打开"箱子盖"又像是贝类生物，怎么还有长成这样的家伙？只能说世界之大，无奇不有。

想到这里，中华鲟突然灵机一动，笑了笑说：“你知道吗，陆地上的人们最珍视财宝，有一种叫元宝的东西，既可以用来买东西，又象征着富贵和好运，你和这东西长得可像了！”

听到这话，石笼箱将它的贝壳又打开了些，露出里面的肉来：“真的吗？你真觉得我和元宝长得很像吗？这也算优点吗？”

中华鲟拍拍它的外壳，安慰说：“是的。对啦，我记得来这儿的路上有不少海坡，你这小小的身体是怎么来的呢？”

石笼箱想了想，拉着中华鲟来到一个小坡下，说道：“虽然我爬得很慢，但是我每天都锻炼身体哦！并且每次都会坚持爬到坡顶呢！”

中华鲟听了，说道：“那你也很厉害呢，这需要很强的毅力。你看别的贝壳，有你这么勤奋吗？”

石笼箱思考片刻，噘起嘴，摸了摸自己的壳，说道：“平凡的我每一天都很努力，难道不值得被夸奖吗？”

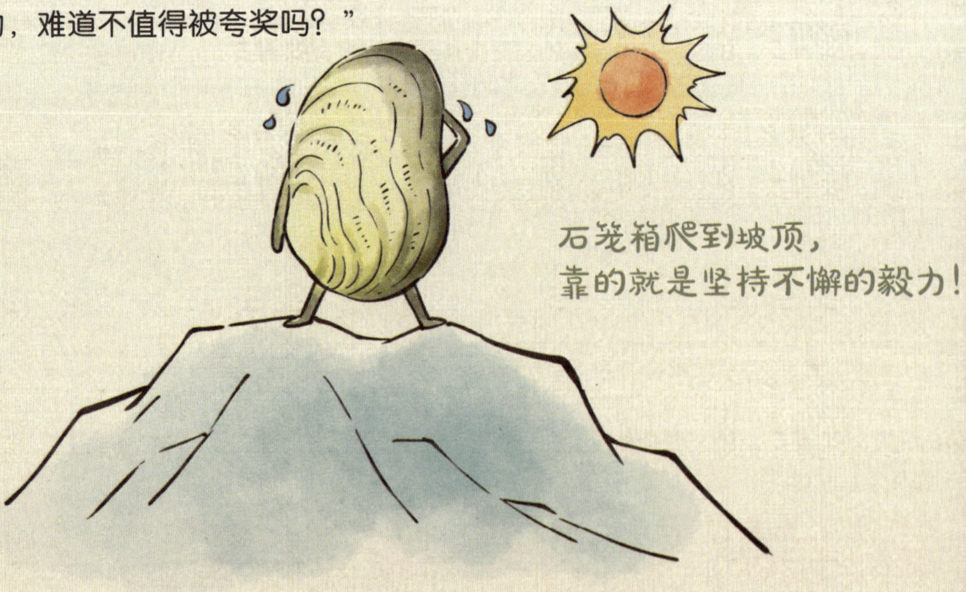

聂璜在《海错图》中说石笼箱生活在福宁州沿岸的岩石上，怪不得是个“登山好手”呢，石笼箱的两片外壳像银元宝，上面有竹笼的纹理，因此得名，看看下面的图，来找一找石笼箱在哪里吧！

谁将箱笼，堆积海边？路不拾遗，王道平平。

出自《海错图》

海洋冷知识

★ 虽然我们不好确定“银元宝”是哪种贝壳，但历史上贝壳也有像元宝一样的重要地位，在人类文明早期，海贝大小适中，便于携带，容易计数，逐渐作为交换物品的媒介，起到货币的作用。

提问：故事中石笼箱的优点是什么？

答案：做事有毅力。

柔鱼——我有“幸运守护石”

柔鱼 海洋身份证

姓名：柔鱼

曾用名或别名：八带鱼

爱好：抱着石头

刚刚送走石笼箱，海洋心理辅导室又来了一个奇怪的家伙。它的模样十分滑稽，巨大的额头犹如箭头，软乎乎且滑溜溜的，大大的眼睛向外凸出来。它的身躯短短小小的，却连接着 8 条触手，此外，除了 8 条短触手，它有两条格外细长的组织，就像是两根坚韧的绳子，紧紧包裹着一块大石头，正努力地往屋子里挪动。

最近从淡水到海里探亲的胭脂鱼忍不住笑出声：“我说柔鱼啊，你怎么还是老样子，说什么都不愿意把手里那块石头丢掉呢？这些东西海底城遍地都是，干吗像是宝贝一样抱着。”柔鱼苦着脸撇撇嘴，松开两条最长的“腿”，软绵绵地垂到地

上，身子瘫倒在沙发上，说：“哼，这个世界太危险了。你说，要是发生海啸怎么办？要是遇到了洋流列车的车祸怎么办？要是被人类打捞上去又该怎么办？”

胭脂鱼看着它，这柔鱼浑身软绵绵的，看上去一点力气都没有，竟然可以搬着这么大一块石头到处游，这谁能想到呢？

它们认识多年，胭脂鱼也不怕得罪它，于是直接问道：“可是你带着石头有什么用？难道海啸来了，你还想用石头和海啸同归于尽？”

见胭脂鱼又看不惯自己抱石头，柔鱼一下子来了精神：“哼，要是遇到海底漩涡什么的，我身上没什么力气，总不能被卷来卷去吧，但是我抱着这么大一块石头，肯定就没事了，再大的漩涡也不能把我怎么样。如果不小心被捕鱼的人捞走，我就藏在石头底下，他们看到是一块石头，肯定就会把我放回来。”

柔鱼正在得意扬扬地讲述自己的“聪明才智”，一旁胭脂鱼忍不了了，它打断柔鱼毫无科学依据的话，像老师一般说道：“哦，亲爱的柔鱼先生，虽然您身娇体弱，没办法处理一些紧急情况，但这可不是抱有不切实际想法的理由哦。你这样天天担心天会不会掉下来，自己会不会碰到海底漩涡，是不对的。我们应该享受当下和以后每一天的生活才对，你这简直就是‘杞人忧天，柔鱼忧水’嘛！”

看着耐心劝说自己的胭脂鱼，柔鱼低下了软绵绵的脑袋，小声嘟囔着：“没办法啊，我的身体里只有一块大骨头，没有能进行复杂思考的大脑，只能想到这样的办法啦。”

胭脂鱼点点头，趁热打铁劝说道：“石头在你需要的时候，捡一个起来就好啦！我可听说了，很多像你这样的家伙，碰到人类捕鱼，自己都钻进礁石洞里了，却被石头拖累，被人类抓走了呢！”

柔鱼听了，赶紧将石头扔了出去，边扔还边嘟囔：“哎哟，这石头暂时先不要了吧。”

一周后，两只小鱼在闲聊。

“听说了吗？柔鱼在回家的路上，又抱起了一块大石头。”

“据说那块石头还是红色的。”

……

《海错图》中记载，柔鱼没有鳞甲，只有一片薄骨，柔鱼两条长带可以帮助它们在大风大浪时，将自己粘在石头上，躲避风浪，图片里柔鱼的长带是不是很像古人的披帛呢？

柔鱼名柔，亦号八带。

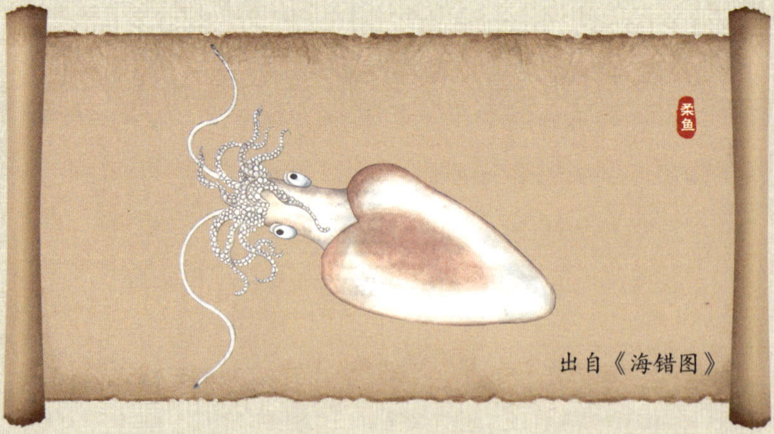

出自《海错图》

海洋冷知识

★ 你能分清章鱼、墨鱼、鱿鱼吗？它们确实很相像，但细微之处也有不同。章鱼最好辨别，它有八条触腕。墨鱼和鱿鱼比它多两条。墨鱼体格更小，鱿鱼要大一些，而墨鱼有一块白色硬骨，鱿鱼是一片半透明软骨。你认为柔鱼是它们中的哪一位呢？

提问：柔鱼为什么总喜欢抱着石头？

答案：因为它觉得抱着石头，可以在遇到危险的时候防身。

鬼头鱼——"坏小子"变形记

鬼头鱼 海洋身份证

姓名：鬼头鱼

生活地点：古代川沙营海域

爱好：恶作剧

心理辅导室内，神龙正在发愁，在它面前摆着一份长长的告状信：1月12日，掀翻一艘过往船只；2月3日，扎破别的小鱼的玩具；2月6日，用小鱼野餐的海草扫地……

这时，棱皮龟推门进来，神龙赶紧说道："可把您盼来了，您快看看，这鬼头鱼都要成海底一害了，昨天又把人类的船掀了，越来越不像话了！这次我请您来，就是想让您劝说它痛改前非，重新做鱼！"

名字 棱皮龟
别名 燕子龟
龟鳖中的大块头

那么，改造对象鬼头鱼呢？此时正独自窝在房间的角落，满脸的不在

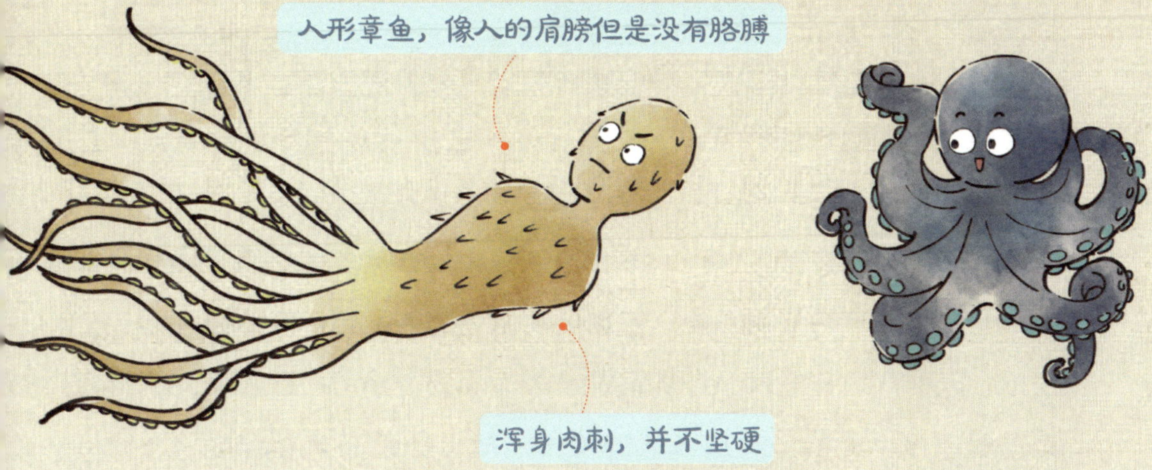

乎。它虽然像是一条巨大的章鱼，但它椭圆形的头和与人类十分相像的肩膀，这是其他章鱼没有的，肩膀下是八条长长的触手，伸展开来大概有一米。它浑身长满了肉刺，看起来很危险的样子。

接到任务的棱皮龟决定先和这个家伙见一见，当棱皮龟推开门时，看到的就是刚才那一幕，于是它温和地说道："在干吗呢？小家伙？"

鬼头鱼哼了一声，将头扭到一旁，一副不服气的模样。

棱皮龟慢慢爬到了它的面前，说："你先放松，你是不是觉得老头子都只会说教呀？"

鬼头鱼噘起嘴："不说教吗？那你一定是来收拾我的！"

棱皮龟摇摇头，还是乐呵呵地说："我可打不过你。在我看来啊，你只是调皮了一点，没有犯什么大错。"

鬼头鱼梗着脖子回答："说得好像你很了解我一样，你不怕我吗？"

棱皮龟笑呵呵地说："嗯，算是吧。像你这么大的时候，我也喜欢恶作剧。小鱼们不和我玩，我就捉弄它们，这样就会引起它们的关注了。"

鬼头鱼问道："被打不是会疼吗？"

棱皮龟哈哈一笑，把头缩进龟壳，说道："看我天下无敌的龟壳，只要我缩进龟壳，它们怎么打我也不疼。”

鬼头鱼咂咂嘴，但还是忍不住问道：“你说你当时这么讨厌，为什么大家现在都喜欢你呢？”

棱皮龟停了下来，看向了远方，慢慢回忆往昔的岁月。

那本是非常糟糕的一天，海水拍打在岸上的声音不是有节奏的哗哗声，而是令人害怕的啪啪声，仿佛要将所有美好吞噬。海底城上方乌云密布，三尾八足神龟背上挂满各种小鱼、小虾、小贝壳往海底送，神龙指挥着救援小队四处寻找丢失的孩子，所有鱼都在来回穿梭，与时间赛跑。棱皮龟静静看着眼前的一切，不知该做些什么。

“你可以带我回海底吗？”

棱皮龟回头，是一只小海星，一双挂着泪珠的眼睛眨巴着，似乎很害怕，棱皮龟鬼使神差地答应了。那是第一次有小东西坐上它的龟壳，也是它游得最稳的一次。

“当小海星软绵绵地说出谢谢时，我的整个‘龟生’都亮了！”我再也不用靠恶作剧吸引其他生物的注意了。我可以用我的技能交到朋友。

鬼头鱼听得很认真，忍不住小声说：“可是我也没有龟壳，无法带着小海星游泳啊！”

棱皮龟笑了，说道：“不不不，我的意思是，你要有一颗友善的心。‘从心出发’。”随后留下鬼头鱼在房间思考，自己离开了。

几个月后，神龙坐在办公桌前笑得合不拢嘴，对着一边的棱皮龟说道：“老伙计，是不是你教鬼头鱼把海草缠在触手上的？那个触手现在也不去做坏事了，听说鬼头鱼还在超市用这些触手帮大家暂时悬挂存放东西，因而交了不少朋友呢。”

棱皮龟看着远方笑了笑，并未回答。

《海错图》中记载，康熙十五年，作者的朋友在川沙营海域捕到一只大章鱼一样的生物，长得像人类，有肩膀却没有手臂，还有眼睛和嘴巴，下半身则和章鱼没什么区别。看看《海错图》中的鬼头鱼是不是和这个描述非常契合呀！

章鱼生刺，大而且伟。

出自《海错图》

海洋冷知识

★ 有一种吸血鬼乌贼，又叫“幽灵蛸”。它们的背侧长着一对看起来像扇风耳，又像肩膀的鳍，可以帮助它们在游泳时加速，它们栖息在深海中，以海洋中的废弃物和尸体为食，是深海清道夫，虽然是“幽灵”，但和《海错图》中的“鬼头鱼”还是不太一样呀。

提问：鬼头鱼为什么要恶作剧？

答案：为了吸引其他海洋生物的关注。

比目鱼——真爱至上

比目鱼 海洋身份证

姓名：比目鱼

曾用名或别名：鲽鱼

生活地点：深海和浅滩

特点：不爱独处、需要陪伴

丁零零——

蓝鲸正准备下班，电话铃却响了。蓝鲸赶忙接起电话，就听电话那头的声音断断续续地说：“心理医生，救救我，我真的快不行了。”

这可把接电话的蓝鲸给吓坏了，它自言自语道：“大半夜的，能是谁啊？情况如此紧急为什么不打给医院或是警局？”蓝鲸来不及多想，见来电显示是比目鱼，赶紧先过去了解情况。

只见此刻在家的比目鱼哼哼唧唧，侧身躺在沙发上，扁平的身体是紫黑色，身上有着细密的鳞片，眼睛并排长在身体的一侧。看起来不像有生命危险的样子。

名字 蓝鲸
别名 剃刀鲸
目前为止已知最大的哺乳动物

身长几十米，体重上百吨。

但蓝鲸还是试问道：“你说话！怎么了？需要叫救护车吗？”

比目鱼擦擦眼泪：“我要完了，没法正常生活了！我的鱼生要完了！”

蓝鲸赶紧递给它纸巾，比目鱼接着说：“我的女朋友不要我了，我以后没法出门了。呜呜呜……”

原来啊，由于比目鱼的眼睛都只长在身体的一侧，只有两条鱼并排的时候才能在深海行动，否则就只能“斜眼看世界”了，情况更糟的话，它们会因为眼睛无法正常直视前方，导致行进时难以找到平衡，行进的方向也就很难控制了。

蓝鲸坐在地上，思来想去，似乎只有一个办法：就是让比目鱼重新找回另一半，但是要怎么解决这个难题呢？

比目鱼有了倾诉对象就更起劲地倒苦水：“我什么都没做错啊，工作的时候努力上进，平日孝敬长辈，疼爱女朋友，为什么会这样……”

就在蓝鲸和比目鱼绞尽脑汁地想办法时，比目鱼的女朋友竟然自己推开门回来了，身后还跟着其他的邻居。

据邻居们说，事情是这样的：

比目鱼的女朋友最近很苦恼，它发现，平常和它一起逛深海商城的姐妹们，最近总是躲着它。主要原因是它每次去深海都带着男朋友比目鱼，

这使它们很不自在，无法在购买小珍珠和海草花环的时候尽情臭美。但由于两条鱼似乎在深海都无法独立行动，所以大家也不好将它们分开。为此，比目鱼的女朋友总是在窗前叹气。

热心的邻居见了，便开始摇头晃脑地出主意，最后决定用一条海草牵着比目鱼的女朋友去找它的姐妹。没承想，今天海底商城做活动，比目鱼的女朋友挤了半天，硬是没能挤进去，于是只好灰溜溜地回来了。

至于接下来发生的事情，大家也都知道了。比目鱼回家发现女朋友不在，以为女朋友和自己分手了，悲伤的它才打电话到心理辅导室。

说到这儿，邻居忍不住感叹道：“唉，我就说应该留一个字条的，还好是打到心理辅导室，万一打到海底警局，我们还要去做笔录呢。”

这时，刚刚还沉溺于失恋中的比目鱼则气鼓鼓地说：“我不信，你们肯定是要抢我的女朋友。”

聂璜在《海错图》中说文学家郭璞认为“比目鱼身体没有鳞片，只有一只眼睛”的说法是错误的，他认为这种鱼全身都有鳞片，而且两只眼睛在身体的一侧分布，这种鱼的身体只有薄薄一片，不能独自游动。我们一起看看《海错图》中这个奇怪的家伙长什么样吧！

鱼状既异，鱼名亦多。俗称比目，谁辨其讹？

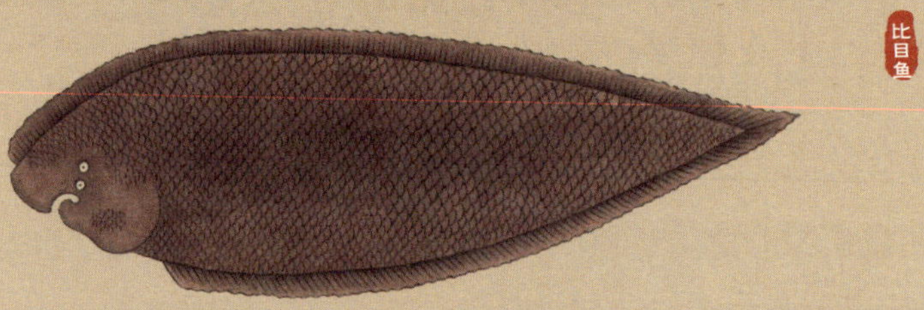

出自《海错图》

海洋冷知识

★ 刚出生的比目鱼眼睛是对称长在头部两侧的，等比目鱼长大一些，眼睛就越过脊背来到另一边，最后和另一只眼睛并列，比目鱼通常侧着身子游泳，平卧在海底，两只眼睛在同一侧能让它们更好地趋利避害。

提问：比目鱼在深海为什么不能离开另一半？

答案：因为比目鱼单薄的身体不能支撑在深海游动，要结伴而行。

真假美人鱼

人鱼 海洋身份证

姓名：人鱼

曾用名或别名：鲛人

生活地点：大鱼山、老万山附近海域

爱好：染头发

这天，儒艮妈妈正在准备晚餐，却听屋外有鱼喊道：“儒艮妈妈，小儒艮在幼儿园和其他小鱼发生矛盾了，快去看看吧。”

儒艮妈妈一惊，放下盘子就要往幼儿园赶去，却听那鱼又说：“在心理辅导室呢，别走错啦！”

如此一来，儒艮妈妈更糊涂了，小鱼儿打架为什么要去心理辅导室呢？带着这样的疑惑，儒艮妈妈飞速赶到了现场。

“你们是骗子，我才是美人鱼。”这是小儒艮的声音。

“我，我才是人鱼。”另一个微弱的声音响起，似乎有点害怕。

儒艮妈妈越过众鱼，这才看见它的小儒艮，于是它问道：“怎么了这是？怎么和小朋友闹矛盾了？”

小儒艮赶紧抢答：“妈妈，它们说我不是美人鱼。”

儒艮妈妈震惊了一下，它也有些疑惑：一直以来，我们儒艮就是美人鱼，怎么就不是了呢？

名字 儒艮
别名 美人鱼
保护等级 国家一级重点保护野生动物

边上的心理辅导员见了，赶紧站出来，说：“儒艮妈妈是这样的……”经过它的解释，儒艮妈妈却更迷糊了，每次它到海面上唱歌时，人类都喊它“美人鱼”，所以自己就是“美人鱼”，不是吗？

再看对面和小儒艮吵架的小家伙：头顶长着黄色绒毛，皮肤也如深海一般幽邃漆黑，最引人注目的是它的眼睛，微微外凸，奇特无比。和人相比，它最大的不同在于背后那条鲜艳的红色鱼鳍，以及那条又短又粗的尾巴。虽然身在海底，却不会游泳，而是骑着一条又大又黑的怪鱼来辩论的。这小家伙无论怎么看，都和童话故事里的美人鱼不像呀。

眼见儒艮妈妈还是一脸疑惑，心理辅导员终于知道小儒艮对自己的认知是怎么产生的了。原来，儒艮妈妈也认为自己就是美人鱼。

那么，这问题就大了。儒艮的事情它也知道一些，听说它们一族都很爱美，喜欢把水草顶在头上，然后浮到水面唱唱歌，游游泳什么的，尤其是小儒艮，总喜欢趴在妈妈的肚皮上，扯着嗓子咿咿呀呀地学妈妈唱歌。每每这时，总会被过路的渔夫发现，误以为它们是漂浮在海面上

的美人鱼，有些渔夫因为听得过于入迷，竟忽视了观察海面上的天气变化，从而不知不觉地被卷入海底漩涡。故而总有传言说，美人鱼的歌声会迷惑人的心智。这一点，无论是儒艮，还是人鱼，都觉得自己很冤。

至于人鱼，严格来说确实不能与童话故事中的美人鱼混为一谈，甚至有些没礼貌的人类还会喊它们“妖怪”。不仅如此，因为一些人鱼经常超速行进，把人家的船掀翻，导致人类对它们的印象非常不好，所以“美人鱼”应该说的也不是这个叫“人鱼”的小家伙。

这可怎么办呢？现在看来，小儒艮除了不能将眼泪化成珍珠，确实更像是童话故事里的美人鱼，但人鱼这小家伙，一直都不是很自信，真的要打碎它的美好幻想吗？

心理辅导员无奈地看着两条小鱼加一条大鱼，犯了难。

突然，凑热闹的新妇鱼给了它灵感，于是它说道：“其实，谁是美人鱼并不重要，重要的是美人鱼拥有一颗美丽的心灵，如果它们参加‘最美鱼’评选，一定会获得很高的分数，不如你们两个小家伙多做好事，然后上那儿试试？”

“试试就试试，这就去。”小儒艮说着，快速游了出去。

“我，我也去看看。”小人鱼丢下这句话，也骑着大鱼离开了现场。

聂璜在《海错图》中说，人鱼身子像人一样长，黑中泛黄，长着手足、眉目和口鼻。背上还有红色的鳍翅，后面有短尾。但是古人认为人鱼是不祥之兆，每逢出海都会祈祷不要碰到人鱼，你们看这人鱼的画像确实不好用美来形容它呀！

鱼以人名，手足俱全，短尾黑肤，背鬣指胼。

出自《海错图》

海洋冷知识

★ 儒艮，别名美人鱼，是一种海洋草食性哺乳动物，也是世界上最古老的海洋生物之一。儒艮除了平时的进食和出水换气，大部分时间喜欢潜入海底，它们性格友善，极少去攻击人类。

提问：为什么儒艮被认为是美人鱼？

答案：因为儒艮喜欢浮到水面上，头顶上顶着水草，远远看去像是一位女子。